Python

スラスラわかる

ベイズ推論

赤石雅典 著
須山敦志 監修

「超」入門

A super basic introduction
to Bayesian inference in Python

講談社

# まえがき

## 本書のねらい

　ベイズ推論という言葉を聞いて、読者のみなさんはどんなイメージを持つでしょうか。「データサイエンスの中の重要な一領域だが、**高度な数学的知識が前提となる近寄りがたい世界**」という認識を持っている方もいるのではないでしょうか。しかし、この考えは間違っています。

　本書の目的を一言でいうと、このような「**ベイズ推論に関する誤った固定概念を取り払い、多くのデータサイエンティストがベイズ推論を当たり前に普段使いできるようになる**」ことです。

　ベイズ推論の**難しさのかなりの部分が数学に起因している**ことは間違いありません。その一部はMCMCというアルゴリズムに代表されるような数字　　　　　　　　が原因です。しかし、この点に関しては **PPL(Probabilistic Programming Langu　　　　　　　グ言語)** と呼ばれるツールの発達で、分析者はその**難しさを意識することなく**　　　　　　　るようになりました。本書でも PPL を利用し、アルゴリズムのことは一　　　　　　　　　る形にしています。

　本書は、PPL の中でも現在最も広く用いられている　　　　　　す。PyMC は、慣れると**短い行数でやりたいことを自由に行える**とても便利な言　　　　　　　者にはいろいろなお作法が理解しにくいという一面も持っています。著者は、過去に Py　　　　書などで、ツールの使い方を一歩一歩わかりやすく紐解いて説明することには自信があり　　　　　回も 1 章から 4 章までを通じて、**PyMC 固有の考え方、プログラミングの方法を一歩ずつ解説**しました。読者の方も、本書の4 章まで読み終わった段階で、PyMC によるベイズ推論が簡単にできるようになっていることに、驚くかと思います。

　では、PyMC のプログラミング方法さえマスターすれば、だれでもベイズ推論ができるようになるのでしょうか?

　残念ながらその答えは No です。複雑なアルゴリズムは PPL で隠蔽されたとしても、**ベイズ推論を使いこなすために最低限必要な数学の知識は残っている**のです。それが何かというと、**確率分布に代表されるような、確率・統計に関する知識**です。「**確率分布が何か**」を理解できていないと、**ベイズ推論の出発点である確率モデルの定義**もできなければ、**ベイズ推論の結果解釈**もできません。

　この課題に対応することこそが、著者が本書の中で最も重要と考えている点です。そこで、「**確率分布とは何か**」に関しては 1 章・2 章でかなりのページ数を割いてできる限り丁寧な説明を心がけました。

　その際に意識したのは、確率に関する**抽象的な数学概念**を、**オブジェクト指向プログラミングによるプログラミングモデルとの対応づけで説明**することです。「数学は苦手だがプログラミングは得意」という読者の方は、**抽象的でイメージの持ちにくい数学的概念をプログラミングの世界との類推で理解**できるようになるはずです。

# 本書の想定読者

　本書では、scikit-learn などのライブラリを利用する**普通の機械学習はマスターしたうえで、次のステップでベイズ推論を学習したい**という読者の方を主に想定しています。また、上でも説明したとおり、プログラミングとの類推を活用して確率などの数学を説明する部分もあるので、**ある程度の Python プログラミングスキルは前提**としています。

　具体的な知識レベルは下記に記載しました。本書の記述では、これらの概念・知識は前提として持っているものとして細かい説明を省略しています。本書を読み進めるうえで前提知識が不十分と思われた読者の方は、他の書籍などで足りない知識を補っていただくようお願いいたします。

- Python 文法の基礎知識
  - 整数型、浮動小数点数型、ブーリアン型などの基本型
  - 関数呼び出しにおけるオプション付き引数
  - オブジェクト指向プログラミングの基礎概念（クラス、インスタンス、コンストラクタ）
- NumPy, pandas, Matplotlib, seaborn の基本的な操作

　前提知識でもう一点重要なのが数学です。この点に関しては、極力、**高校1年程度の数学知識で読み進めることができる**よう心がけました。確率分布の説明などで、数式が出てくる箇所もありますが、数式をスルーしても先に読み進められるよう工夫したつもりです。逆に Python コードと数学概念との対応をとても重視しているので、読者の方には極力、本書の前提である **Google Colab で実習コードを動かしながら本書を読み進めていただく**ことを推奨いたします。

# 本書の構成

　本書は 6 章構成となっています。各章のポイントを簡単にご紹介します。

　1 章では、確率分布や確率変数といった**数学の基礎概念の理解**と、**PyMC プログラミングの基本的なお作法**を理解します。1 章の最後には、**確率の基礎概念と PyMC プログラミングモデルとの間の対応関係を整理**し、数学概念の理解の助けとします。

　2 章では、**個別の確率分布の解説**をしています。確率分布は、PyMC で確率モデルを定義するにあたって、構成要素の部品となるものなので、**ベイズ推論プログラミングをするために必要不可欠**です。ただ、数学が苦手な読者の方にとってはつらい部分でもあります。そこで、次のような工夫を加えました。

- **確率分布の取捨選択**　4 章以降の実習コードで使う確率分布のみ選定しています
- **「対応する事象」の説明**　それぞれの確率分布がどのような事象と対応づいているのかの説明をつけて、確率分布の具体的なイメージを持ちやすいようにしました
- **サンプルコードを PyMC で実装**　各確率分布のサンプルコードについては、通常行うような

SciPy のライブラリを用いることは行わず、極力 PyMC で実装しました。このことで PyMC の確率モデル定義に向けたハードルを下げています

3 章では、「当たりとはずれのあるくじ引きを 5 回引く」というとても簡単な題材を例に、ベイズ推論の考え方をじっくり説明します。説明の中では**最尤推定というアルゴリズムとの対比によって「何がベイズ推論でうれしいのか」**のイメージを持ちやすくしました。

4 章は、3 章で示した例題を**実際に PyMC を使って解く過程を詳しく説明**し、**ベイズ推論プログラミングを自力でできる**ことを目指します。PyMC だけでなく、ベイズ推論分析で必須のライブラリである ArviZ についても、基本的な利用方法を説明します。「当たりとはずれのあるくじ引きを 5 回引く」という問題設定については、**いくつかのバリエーションで発展させ、ベイズ推論の特徴に関する理解を深めます。**

5 章では**さまざまなパターンのベイズ推論の手法**を学びます。正規分布のパラメータを予測するような簡単なパターンから**潜在変数モデルと呼ばれるかなり高度なパターン**までさまざまなものがあります。5 章のうち、5.3 節と 5.4 節は、本書の中ではやや高度な内容です。ベイズ推論を初めて学習する読者の方が、この 2 節を読んで難しいと感じた場合、いったんスキップして 6 章から先に読むことをお勧めします。

6 章では**ベイズ推論の業務活用事例**を示します。3 つのユースケースそれぞれで、**ベイズ推論結果が業務観点でどのように活用されているか**を含めて紹介し、**ベイズ推論の活用イメージを持ちやすく**しました。

本書では、**1 章から 4 章までの各章、5 章・6 章では各節ごとにコラム**を設けました。各コラムでは、知らなくても先には進めるが、知っておいたほうが役に立つ話を中心に、それぞれの章・節と関係の深い話題を説明しています。その中には、divergence（発散）のチェック方法や、target_accept パラメータを使ったチューニング方法、あるいは変分推論法の使い方など、かなり高度な内容も含んでいます。**ベイズ推論をより深いレベルまで理解したい読者の方は、コラムについても丁寧にお読みいただけるとよいかと考えています。**

## ▎謝辞

講談社サイエンティフィク　横山真吾氏には、まだ構想もまとまっていない初期の企画段階から全面的なご協力をいただきました。執筆が始まってからも、入稿手段の検討から、全体構成を含め数多くの貴重なアドバイスをいただきました。今回の本が、このような形にできあがったのは、ひとえに横山氏のご協力のおかげと考えています。ありがとうございました。

今回の書籍は、私としては初めてアクセンチュアからの出版という形をとらせていただいています。この形態での出版を実現するにあたっては、社内調整などを含めてアクセンチュア　執行役員　ビジネス　コンサルティング本部 AI グループ日本統括 AI センター長　保科学世氏にご尽力いただきました。この場を借りて感謝の意を表します。

関西学院大学　徳山豪氏には、本書の中でも肝となる1章から4章までに関して原稿段階で詳しくお読みいただき、重要なアドバイスを何点かいただきました。

　この他にも多くの方々にご協力いただき、今回の本ができあがったと考えています。皆様には、改めてお礼申し上げます。

アクセンチュア株式会社 ビジネスコンサルティング本部

AI グループ シニア・プリンシパル

赤石雅典

# 実習コード・サポートサイトについて

　本書は、**すべての実習コードについて著者の Github 上のサポートサイトで公開**しています。読者の方が**実習環境整備に時間をかけることなくすぐに実習を始めることができる**よう、公開しているコードは無料で利用可能な **Google Colab を前提**としています。

　本書は、全体的に一歩一歩わかりやすくという点を最優先に構成しているため、網羅性という観点では不十分な箇所が一部あります。例えば潜在変数モデルは 3 クラスバージョンの実習も作ったのですが、ページ数の関係で紙面に含めることができず、サポートサイトで公開する形にしました。今後も、追加であると望ましいユースケースがあった場合、サポートサイトに掲載する予定なので、読者の方はサポートサイトについても時々チェックいただけるとありがたいです。

**サポートサイト URL** https://github.com/makaishi2/python_bayes_intro#readme
**短縮 URL** https://bit.ly/46v0mV3
**QR コード**

# 実習コードの前提ライブラリバージョン

　本書の実習コードは、Google Colab での稼働を前提としており、執筆時に動作確認をした主要ライブラリのバージョンは下記のとおりです。

| ライブラリ名 | バージョン |
| --- | ---: |
| PyMC | 5.7.2 |
| ArviZ | 0.15.1 |
| NumPy | 1.23.5 |
| pandas | 1.5.3 |
| Matplotlib | 3.7.1 |
| seaborn | 0.12.2 |
| SciPy | 1.10.1 |

　Google Colab では、各ライブラリに関して日々新しいバージョンへのアップデートが行われており、将来のバージョンアップで実習用コードが動かなくなる可能性があります。その場合は、本書のサポートサイトで Issue をあげるか、出版社宛にメールで問い合わせをお願いします。可能な限り迅速にコード修正の対応を行う予定です。

# 実習 Notebook の共通コード

　本書のサンプル実習コードでは、冒頭に下記の共通のコードがあります。これらのコードで実施している内容は、いつも使うライブラリの導入、インポートと各種変数の初期設定です。本書の目的のベイズ推論以外の内容であるため、コードの解説は一切省略しています。不明な点がある場合は、別書籍などで調べていただくようお願いいたします。

```
%matplotlib inline
# 日本語化ライブラリ導入
!pip install japanize-matplotlib | tail -n 1


# ライブラリの import

# NumPy 用ライブラリ
import numpy as np
# Matplotlib 中の pyplot ライブラリのインポート
import matplotlib.pyplot as plt
# matplotlib 日本語化対応ライブラリのインポート
import japanize_matplotlib
# pandas 用ライブラリ
import pandas as pd
# データフレーム表示用関数
from IPython.display import display
# seaborn
import seaborn as sns
# 表示オプション調整
# NumPy 表示形式の設定
np.set_printoptions(precision=3, floatmode='fixed')
# グラフのデフォルトフォント指定
plt.rcParams["font.size"] = 14
# サイズ設定
plt.rcParams['figure.figsize'] = (6, 6)
# 方眼表示 ON
plt.rcParams['axes.grid'] = True
# データフレームでの表示精度
pd.options.display.float_format = '{:.3f}'.format
# データフレームですべての項目を表示
pd.set_option("display.max_columns",None)
```

# 目次

## 第 1 章　確率分布を理解する　　　　　　　　　　1

## 第 2 章　よく利用される確率分布　　　　　　　22

## 第 3 章　ベイズ推論とは　　55

## 第 4 章　はじめてのベイズ推論実習　　70

## 第5章　ベイズ推論プログラミング　　91

# 第1章

# 確率分布を理解する

## 1.1 ベイズ推論における確率分布の必要性

本書は、**確率的プログラミング言語（PPL：Probabilistic Programming Language）を使ってベイズ推論ができるようになることを目的**とした書籍です。プログラミングが目的なのに、なぜいきなり「確率分布」という数学の話からはじまるのか。ここに、ベイズ推論の難しさの本質的な部分があります。

図1.1を見てください。これは、本書の実習の中で出てくる典型的なベイズモデルの構造をグラフ表示したものです。

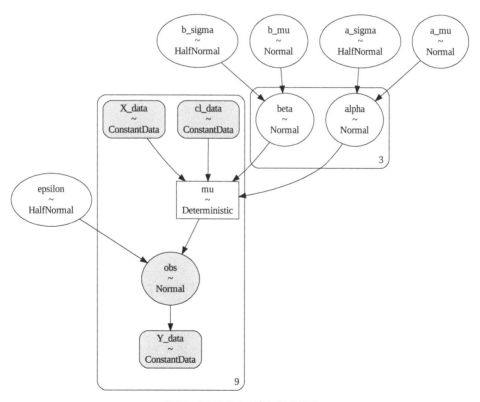

図 1.1　典型的なベイズモデルの構造

見ていただければわかるとおり、要素としての部品をつないでモデルを構成しています。この仕組みだけ取り上げれば、PyTorch などのディープラーニング用フレームワークでモデルを作る際に行う、ビルディングブロックの考え方に極めて近いともいえます。しかし、決定的な違いが 1 つあります。それは図 1.1 に出てきている部品達は、**それ自体が「確率分布モデル」である**という点です。モデルを組み上げるためには、それぞれの部品がどのような性質のものであるかを理解しておく必要があります。そして、その「理解」とは、すなわち「確率分布」という数学の理解と同じなのです。

もう 1 つ、ベイズ推論で確率分布に関する理解が必須の箇所があります。それは**推論結果を解釈する場面**です。その具体例を図 1.2 で示します。

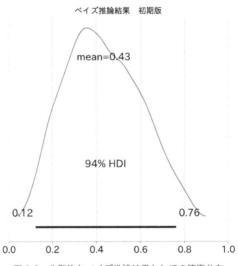

図 1.2 典型的なベイズ推論結果としての確率分布

図 1.2 は、ベイズ推論の結果を分析するためによく用いられるグラフです。その意味するところは「**パラメータ p の確率分布**」です。ベイズ推論をビジネスに適用する場合、このような推論結果として得られる確率分布を見て、何らかのビジネス判断をすることになります。つまり、モデルを作るときだけでなく、モデルによる**推論結果を解釈するときにも確率分布の知識が必要**ということです。

数学は苦手だけどベイズ推論は理解したい。この本はなんだか簡単に理解できそうなので買ってみたという読者は、ここまで読み進めた段階で「ああ、やっぱりパス」と思いかけていると想像します。今まで数学が苦手な読者をおどかすようなことばかりいってきましたが、ここで読者によい知らせをお伝えします。実は、**ベイズモデルを構築し、推論結果を解釈することだけを目的とするのであれば、数学知識は基礎的な確率分布の話で十分**なのです。そこで本書では **1 章、2 章を丸ごと使って、確率分布の説明を丁寧に進める**こととしました。

確率分布にはいくつもの種類があるのですが、それぞれの確率分布は、現実世界のある事象を説明するために考えられたものです。そこで、2 章で説明する個別の確率分布では、**対応がつく現実世界の事象をセットで説明**するようにします。

ここからの説明は「**確率**」という数学の一分野の話であり、そこでは「**分布関数**」「**確率分布**」「**確率変数**」という抽象的な数学用語ばかりが出てくることになります。数学が苦手な読者には一見すると茨の道に思えます。しかしここでもう1つ、数学は苦手だがプログラミングは得意な読者によい知らせがあります。実はこれらの数学概念は、**オブジェクト指向プログラミングモデルで出てくるプログラミング上の概念ときれいに対応がつく**のです。この対応関係を押さえた上で、個別のサンプルコードを見る、そして実際にサンプルコードを動かすことにより、今まで難解であった数学概念がスラスラ頭に入ってくることになるでしょう。それでは、次節から数学概念の話にチャレンジしてみましょう。

## 1.2 確率変数と確率分布

「確率」に関しては高校数学では数学Iの範囲なので、文系の大学に進学した読者を含め、だれでも最低1回は習っているはずです。しかし、忘れてしまっている読者もいると思うので、高校数学の復習を兼ねてこんな問題を考えてみましょう。

> 　当たりの出る確率が $p\,(0 \leq p \leq 1)$ であるくじ引きがある。くじ引きの当たりの出る確率は常に一定であり、また特定の回の結果は次の回の結果に影響を与えないものとする。
>
> 　このようなくじ引きを5回引いたときに、当たりが $k$ 回出たとする。このようなことが起きる確率を $p$ と $k$ を使って表せ。

問題の答えは式 (1.1) になります[注1]。

$$P\left(X = k\right) = {}_5\mathrm{C}_k \cdot p^k (1 - p)^{5-k} \tag{1.1}$$

式 (1.1) の意味が理解できれば理想的ですが、理解できない場合も、いったん先に読み進めてください。本節の目的は、現時点で式 (1.1) の意味を理解することではなく、上の具体的問題と数学概念の対応を理解するところにあります。

まず、確率の表記法から復習しましょう。確率分布とは、簡単にいうと**確率値を算出する関数**みたいなものですが、関数と表記ルールがまったく異なり、そこが混乱の出発点であったりします（表 1.1）。

表 1.1　関数と確率の表記法

|  | 全体を表す | 特定の値 |
| --- | --- | --- |
| 関数 | $f(x)$ | $f(2)$ |
| 確率 | $P(X)$ | $P(X = 2)$ |

---

注1　このCはCombinationの頭文字で、組合せの数を示します。${}_5\mathrm{C}_2$ は「5枚の数字の異なるカードから2枚を選ぶときの組合せの数」です。

関数の場合、実体は文字 $f$ にあります。別の関数を表現したい場合は $g(x)$ のように表記します。ここで出てくる文字 $x$ は関数の計算方法を説明するための仮の変数で $x$ という文字自体には何の意味もありません。また、関数の $x = 2$ における値は $f(2)$ のように表現します。

なんでこんな当たり前の説明からはじめたかというと、確率の場合、この表記ルールが根本的に異なるのです。確率の場合、**文字 $P$ は常に同じ**です。この文字は確率の英訳 Probability の頭文字であり、**別の事象の確率でも常に** $P$ なのです。では、関数の場合の $f$ に当たるものは何かというと、**括弧の中の文字 $X$** です。なので、別の事象の確率を表したい場合は $P(Y)$ になります。そして、この文字 $X$ のことを**確率変数**と呼びます。さらに、この確率変数が特定の値（例えば 2）をとるときの確率、つまり関数でいうと $f(2)$ に当たる表記法が $P(X = 2)$ となるのです。この表記ルールに基づいて数式 (1.1) の左辺 $P(X = k)$ を読み解くと、「くじ引きを 5 回引いたときに当たりの出る回数を確率変数 $X$ とする。この前提のもとで、**確率変数 $X$ の値が $k$ になる確率**」という意味になります。

では、数式 (1.1) の右辺 $_5\mathrm{C}_k \cdot p^k (1-p)^{5-k}$ は何でしょうか。例えば $p = 1/2$ のとき、$k$ の値を変えて数式 (1.1) の右辺の値を計算し整理すると、表 1.2 のようになります。

表 1.2　確率変数 $X$ の確率分布

| 確率変数$X$ | 0 | 1 | 2 | 3 | 4 | 5 |
|---|---|---|---|---|---|---|
| 確率値 $P(X)$ | $\dfrac{1}{32}$ | $\dfrac{5}{32}$ | $\dfrac{5}{16}$ | $\dfrac{5}{16}$ | $\dfrac{5}{32}$ | $\dfrac{1}{32}$ |

この**確率変数 $X$ と確率値 $P(X)$ の対応表**のことを**確率分布**と呼びます。そして、この表を作る元になった数式である $_5\mathrm{C}_k \cdot p^k (1-p)^{5-k}$ は、$p$ が固定した値であると考えると、$k$ を変化させると対応する確率値が変わる、つまり $k$ **の関数**であると考えられます。このような関数のことを確率分布を決める元になる関数であることから**分布関数**と呼びます[注2]。

ここで、本節で説明した数学的概念を改めて整理しましょう。今まで議論しているくじ引きを実際に試行したところ、当たりの回数が 2 回であったとします。この場合、くじ引き問題で最も現実の世界に近いのは、試行で得られた値である 2 です。この値は、今考えている確率モデルから得られた**サンプル値**と位置づけることが可能です。そしてこの値 2 は**確率変数 $X$** と関連づいています。本節の問題設定の場合、確率変数 $X$ は 0 から 5 までのどれかの整数値であり、5 回のくじ引きをすることによりどれか 1 つの値が定まります。そして、例えば $X = 2$ という値が観測された場合、その値と対応がつく**確率値**が定まります。つまり、**確率変数の背後に確率分布が存在する**と考えることができます。さらに、この確率分布の表を作る元の情報は何かというと、$_5\mathrm{C}_k \cdot p^k (1-p)^{5-k}$ という数式であり、この数式には**分布関数**という名前がついているのでした。今と逆に抽象度の高い順に考えていくと、**分布関数→確率分布→確率変数→サンプル値**という形で具体化されていくという関係になります。この関係性を整理した結果が、表 1.3 になります。

---

注2　この説明で出てきた分布関数は二項分布です。二項分布が何かは後ほど改めて説明するので、今は「確率変数」「確率分布」「分布関数」という概念の理解にのみ注意を向けるようにしてください。

表 1.3　数学概念と抽象度の関係

| 抽象度 | 数学概念 | 具体例 |
|---|---|---|
| 高い（抽象的） | 分布関数 | $_5\mathrm{C}_k \cdot p^k (1-p)^{5-k}$ |
| | 確率分布 | （表 1.2） |
| | 確率変数 | X（5 回くじを引いたときの当たりの数） |
| 低い（具体的） | サンプル値 | 2 |

## 1.3　離散分布と連続分布

### 1.3.1　離散分布

　今まで考えてきたくじ引きの問題（5 回くじを引いて当たりの回数を求める問題）で、確率変数 $X$ の取り得る値は、0 から 5 までの整数値です。確率変数 $X$ が飛び飛びの値（数学的には**離散値**と呼びます）しかとらないとき、その背後の確率分布を**離散分布**といいます。つまり、前節で説明したくじ引きの問題に対する確率分布は離散分布であったことになります。このような問題では、横軸に確率変数の値、縦軸にそれぞれの確率変数値に対する確率値を示す棒グラフにより、確率分布の様子を可視化することが可能です。コード 1.1 に、くじ引き問題の確率分布の可視化プログラムとその結果を示します。

コード 1.1　くじ引き問題の確率分布の可視化プログラム

```
1    from scipy.special import comb
2    n = 5
3    x = range(n+1)
4    y = [comb(n, i)/2**n for i in x]
5    plt.bar(x, y)
6    plt.title(' くじ引き問題の確率分布の可視化結果 ');
```

▷ 実行結果（グラフ）

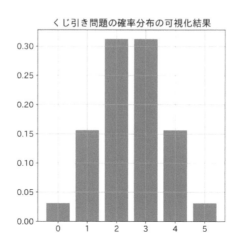

くじ引き問題の確率分布の可視化結果

## 1.3.2 連続分布

　今まで、「**離散分布**」に関して、くじを引く回数（n）が5の場合の確率分布を題材に考えてきました。本節のもう1つの主題である「**連続分布**」は、**この離散分布でnの値を大きくした場合の延長線上**にあります。そのことをこれから試してみましょう。nの値を1000にした場合にコード1.1の棒グラフがどうなるか、試した結果がコード1.2です。

コード1.2　くじ引き問題の確率分布の可視化プログラム（n=1000）

```
1    from scipy.special import comb
2    n = 1000
3    x = range(n+1)
4    y = [comb(n, i)/2**n for i in x]
5    plt.bar(x, y)
6    plt.xlim((430,570))
7    plt.title('くじ引き問題の確率分布の可視化結果 (n=1000)');
```

▷ 実行結果（グラフ）

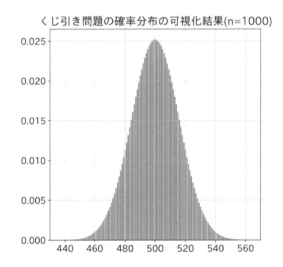

　コード1.1をほんの少し手直ししただけでこういう実験ができてしまうところがプログラミングの便利なところです。今回のコードでは、yの値が小さくて見えない部分は省いてxの範囲を [430, 570] の区間に限定しました。結果を見ると棒グラフの形状がきれいな曲線となりました。この曲線は「**正規分布関数**」と呼ばれる関数で近似されることが数学的に証明されています[注3]。本書ではその証明までは触れませんが、本当にこの定理が正しいか、グラフの重ね描きで検証してみたいと思います。コード1.3で確認します。

---

注3　中心極限定理と呼ばれる定理です。

コード 1.3　確率分布と正規分布関数の重ね描き

```
1    # 正規分布関数の定義
2    def norm(x, mu, sigma):
3        return np.exp(-((x - mu)/sigma)**2/2) / (np.sqrt(2 * np.pi) * sigma)
4
5    n = 1000
6
7    # グラフ描画
8    plt.xlim((430,570))
9    x = np.arange(430, 571)
10
11   # 確率分布のグラフ描画
12   y1 = [comb(n, i)/2**n for i in x]
13   plt.bar(x, y1)
14
15   # 正規分布関数のグラフ描画
16   mu = n/2
17   sigma = np.sqrt(mu/2)
18   y2 = norm(x, mu, sigma)
19   plt.plot(x, y2, c='k')
20
21   plt.title(' 確率分布と正規分布関数の重ね描き ');
```

▷ 実行結果（グラフ）

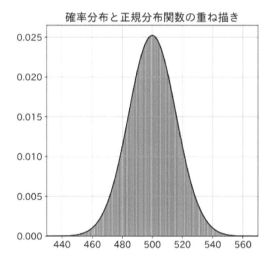

　2 つの図形はきれいに一致しました。つまり、グラフの形だけ考えれば、棒グラフを使わず、連続関数である「正規分布関数」で代用できそうです。

　ここで 1 つ考えるべきことがあります。それは、**棒グラフの形状を連続関数で代用できる**のだとすると、**連続関数によって確率を考えることもできるのではないか**という話です。連続関数の場合、棒グラフの横幅に当たるものがないので、**離散分布同様の「確率」という概念は持てません**。しかし、グラフの形状から、例えば「**k=460 から k=480 の範囲に入る確率**」ということであれば、図 1.3 の塗りつぶされた領域と同じものを指していそうだということがわかります。

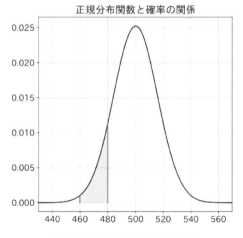

図 1.3　正規分布関数と確率の関係

　図 1.3 で塗りつぶされた領域とはグラフの面積のことであり、数学的に言い換えると、**正規分布関数を x=460 から x=480 の範囲まで定積分した結果**にほかなりません。これが、**確率変数が連続的に変化する場合の確率の考え方**になります。確率変数が連続的に変化する値をとる場合の確率分布を**連続分布**と呼びます。**離散分布**と対比される概念となります。連続分布では、ここで紹介した正規分布関数のように連続的に値が変化する関数が存在します。この関数は**確率密度関数**と呼ばれています。そして、**確率密度関数を一定の区間で積分した結果が確率値**になります。

## 1.4　PyMC による確率モデル定義とサンプリング

　本節および次節では、非常に簡単な実習プログラムを通じて、本書を通じて実習していく **PyMC** および **ArviZ** を使ったベイズ推論プログラミングの全体的な流れを理解します。ベイズ推論プログラミングの大きな流れは、図 1.4 の 4 つのプロセスから構成されます。

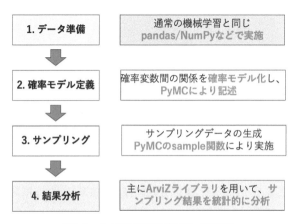

図 1.4　ベイズ推論プログラミングの流れ

このうち、「**1. データ準備**」に関しては、特別なライブラリを利用して実施する部分はありません。通常の Python データ分析と同様に pandas や NumPy を使って処理を行います。**PyMC** の主な役割は「**2. 確率モデル定義**」と「**3. サンプリング**」です。生成されたサンプリングデータに対して「**4. 結果分析**」で利用するのが ArviZ になります。

　実習プログラムの中身の説明に入る前に本章、次章で示す実習プログラムと4章以降の実習プログラムの違いを説明しておきます。本章、次章で示す実習プログラムも、4章以降のベイズ推論実習プログラムも、**PyMC** と **ArviZ** という2つのライブラリを用いて「**確率モデル定義**」「**サンプリング**」「**結果分析**」を行うという大きな流れはまったく同じです。しかし、決定的に違う点が1つあります。それは「**観測値を用いて確率モデルの事後分布を推論する**」という、ベイズ推論の根幹部分を含んでいるかどうかです。「**事後分布を推論する**」というタスクは4章の実習ではじめて出てくるものであり、本章、次章の実習には出てきません。では、本章、次章の実習では何を「**サンプリング**」するのかというと、確率モデルの**事前分布**のサンプルデータを取得する形になります。そのため、サンプリング実施時に利用する関数が **sample 関数**ではなく **sample_prior_predictive 関数**になります。

　ここで出てきた**事前分布・事後分布・観測値**の概念はベイズ推論の中でも最も重要なものです。本書の中では4章までかけて説明するので、簡単に一言では説明できないのですが、おおよその概念を表1.4に整理しました。いったんはここに書かれている内容を頭において読み進めるようにしてください。

表 1.4　事前分布と事後分布の違い

| 概念 | 概要 | PyMC との対応 |
|---|---|---|
| 事前分布 | 観測値なしに得られる確率分布 | `sample_prior_predictive` 関数で取得 |
| 事後分布 | 観測値をもとに得られた確率分布 | `sample` 関数で取得 |
| 観測値 | 確率モデルに基づいて結果が得られると考えられる事象に関して、実際に観測された結果<br>（例）くじに当たったかはずれたかの結果 | 確率モデルクラスのコンストラクタ呼び出し時に `observed` パラメータで指定 |

　3章最後のコラムに「事前分布」「事後分布」の違いを解説しました。現段階で読んでも理解できる内容なので、このコラムを先に読んでいただけるとより具体的なイメージを持ちやすいです。

　この違いを除くと、本章、次章の実習プログラムと4章以降の実習プログラムでは、「**コンテキストの利用**」などプログラミングのお作法がまったく同じです。本章、次章を通じてこうした点を十分に理解しておくと、4章のベイズ推論プログラミング実装への理解も楽になります。この点を意識して、以降の実習プログラムを読み進めてください。それでは、実習プログラムの解説に入ります。

## 1.4.1 インポート文

　最初にベイズ推論で必要な2つのライブラリをインポートします。具体的実装はコード1.4です。

```
1    import pymc as pm
2    import arviz as az
3
4    print(f"Running on PyMC v{pm.__version__}")
5    print(f"Running on ArviZ v{az.__version__}")
```

▷実行結果

```
1    Running on PyMC v5.7.2
2    Running on ArviZ v0.15.1
```

　コード 1.4 の 1 行目では、本書でこれからずっと使っていくことになるライブラリ **PyMC** をインポートしています。**ベイズ推論で主役となるライブラリ**です。実行結果から執筆時の Google Colab 上のバージョンが 5.7.2 であったことがわかります。1 行目のコードでは as pm を import 文の後ろにつけて pm という名称でエイリアス定義[注4]をしています。PyMC では、チュートリアルのコードを含めこのエイリアスを定義して使うのが慣例なので、本書でもその方法をとります。コード 1.4 の 2 行目ではライブラリ **ArviZ** をインポートしています。ArviZ の役割は PyMC で生成された**サンプルデータに対し可視化や集計処理を用いて分析を加えること**です。こちらに関しても、az のエイリアス名を定義するのが慣例なので、本書もその方法に従います。

## 1.4.2　確率モデル定義

　今回の実習では、単に確率モデルを作って、そこからサンプル値を生成するだけです。その場合、上の流れのうち、「**1. データ準備**」は不要で「**2. 確率モデル定義**」からはじめればよいです。具体的な実装はコード 1.5 になります。なお、以下のコード解説では、オブジェクト指向プログラミングの基礎概念である「クラス」「インスタンス」「コンストラクタ」については、特に断りなしに利用します。これらの概念理解が不十分な読者は別の書籍などで不明点を補って読み進めるようにしてください。

コード 1.5　確率モデル定義用コード

```
1    # 確率モデルコンテキスト用インスタンス
2    model = pm.Model()
3
4    # 先ほど定義したインスタンスを with 文で指定
5    with model:
6        # Binomial: 二項分布の確率分布クラス
7        # p: 二項分布の元になる試行の成功確率
8        # n: 二項分布における試行回数
9        # 'x': サンプルとして出力される確率変数
10       x = pm.Binomial('x', p=0.5, n=5)
```

---

注 4　ライブラリ呼び出し時にライブラリ本来の名前を違う名称で呼び出し可能にするための仕組みです。通常、本来の名前より短い名前を使用します。

PyMC による確率モデル構築を行う場合、**コンテキスト**という概念が重要になります。「**ベイズモデル構築のための作業場**」のようなイメージです。同一のコンテキスト内であれば、以前のセルで定義した確率モデル変数もいつでも利用可能です。逆に別のコンテキストを指定した場合、それ以前に定義された確率モデル変数であっても利用できないです。

コンテキストは、with 文により pm.Model クラスのインスタンスと紐づける形で定義されます。2 行目で紐づけ用のインスタンスを生成し、5 行目でそのインスタンスを利用して with 文によりコンテキスト定義をしています。

10 行目では、5 行目で定義したコンテキスト配下で、pm.Binomial という確率分布クラスのコンストラクタを呼び出し、インスタンスを生成しています。なお、pm.Binomial が数学観点でどのような確率分布であり、引数の p と n がどのような意味を持つのかについては、2.1 節で改めて説明します。本節では、プログラミングのお作法だけを説明していきますので、その前提で読み進めるようにしてください。

ここで、生成したインスタンスの代入先の変数 x と、コンストラクタの第一引数である 'x' の違いを意識してください。変数 x は、確率変数 $X$ の PyMC プログラミング上の実装と考えてよいです。例えば $y = x^2$ のような関係にある新しい確率変数 $Y$ を定義したいとします。その場合、11 行目で y = x*x という式を記載すると、その定義ができることになります。**確率変数を用いた演算のときに利用される変数**と考えてください。本節の実習では、この x を利用することはないです。つまり、本節の実習においては、10 行目は代入文でなく、pm.Binomial クラスを直接呼び出してもまったく同じ結果が得られることになります。3 章以降の実習では、この x が、他の**確率分布クラス呼び出しの引数**になる、あるいはこの**変数を使って何かを計算**する、そういった目的で使われることになります。

では、コンストラクタの第一引数である 'x' は何なのでしょうか。結論からいうと、**サンプル値参照時に利用されるラベル名**であると考えてください。実習の次のステップではサンプル値を生成します。本節の実習ではたまたま確率変数が 1 つしかありませんが、通常は**サンプル値は複数の確率変数に対して同時に生成される**形になります。これらのサンプル値はすべて、サンプリング結果全体を表現する 1 つの変数[注5] に収納されます。このサンプリング結果全体を表す変数から**個別の確率変数に対応したサンプル値を抽出するためのインデックス**（ラベル名）として 'x' が利用されるのです。

以上が 10 行目の実装コードの動作原理です。今までの話を、典型的な利用パターンとして図 1.5 にまとめたので、こちらも参考にしてください。

---

注5　本章のサンプルコードでは、チュートリアルにならって prior_samples の変数名を用います。4 章以降のサンプルコードでは同じ理由で idata の変数名を用います。

**変数x, pの利用例**

```
# 2つの確率変数x, yの計算により新しい確率変数zを生成
x = pm.Binomial('x', p=0.5, n=5)
y = pm.Binomial('y', p=0.3, n=10)
z = x - y

# pが他の確率変数生成時のパラメータとして利用されている
p = pm.Uniform('p', lower=0.0, upper=1.0)
y_obs = pm.Bernoulli('y_obs', p=p, observed=y_result)
```

**ラベル変数'x'の利用例**

```
with model:
    prior_samples = pm.sample_prior_predictive(
random_seed=42)

# サンプル値を含んだ変数からxの値を抽出するのに利用
x_samples = prior_samples['prior']['x'].values
```

図 1.5　変数 x とラベル変数 'x' の具体的な利用例

　例えば y = pm.Binomial('x', p=0.5, n=5) のように、変数名とラベル名を全然別のものにしても、プログラムとしてはエラーにならずに動作します。しかし、分析する人間にとってはややこしくなるだけです。それで、x = pm.Binomial('x', p=0.5, n=5) のように、**変数名とラベル名をそろえるのが通常の PyMC プログラミングのお作法**ということになります。

## 1.4.3　サンプリング

　これで確率モデル定義まで終わったので、次のステップはサンプリングです。この過程は、例えていうと**コンピュータがひたすらサイコロを振って、事前に与えられた条件を満たす乱数を大量に作る過程**です。4 章で説明する実習では、「観測値に基づいてそれにふさわしい乱数を作る」（**事後分布の推論**）という高度な計算処理があり、そこに PyMC を使うベイズ推論の根幹部分の価値があるのですが、本節あるいは、以降の 1 章、2 章全体を通じてのサンプル値はそれとは異なり、あらかじめ決められた**確率モデル定義に従ってひたすらサイコロを振る**だけの単純なタスクです。こうやって得られるサンプルデータは「**事後分布**」に対立する概念として「**事前分布**」と呼ばれています。

　それでは実習コードを見ていきましょう。コード 1.6 になります。

コード 1.6　サンプリング

```
1   # with model のコンテキスト定義により、
2   # 上で定義した確率モデルと紐づけられる
3   # sample_prior_predictive: 事前分布の予測値取得関数
4   # 乱数により生成されたサンプル値が変数 prior_samples にセットされる
5   with model:
6       prior_samples = pm.sample_prior_predictive(random_seed=42)
```

コード 1.6 で注目してほしいのは 5 行目の with 文です。前のコードで生成した変数 model が参照されていて、**この宣言でコード 1.5 とコンテキストが共有されています**。このことにより、PyMC は「**どの確率分布のサンプリングをすればいいのか**」を知ることができるようになります。今回の実装コードの場合、サンプリングの対象はコード 1.5 の 10 行目の pm.Binomial('x', p=0.5, n=5) です[注6]。

6 行目の **sample_prior_predictive 関数**は、その名前のとおり、**事前分布としてのサンプリングを**行うための関数です。4 章の実習コードで説明する sample 関数との違いは「**観測値による制約条件があるかどうか**」です。今回は制約条件なしに特定の確率分布に従う乱数値を取得するだけなので、sample_prior_predictive 関数を利用します。この利用方法は、この後の 1 章、2 章のサンプルコードすべてに対して共通です。PyMC チュートリアルのサンプルコードにならって、代入先の変数名は prior_samples としました。この変数名にすることで、得られた**サンプリング結果が事前分布である**ことがわかります。次節で説明する次のステップは、このサンプリングの結果を分析するタスクとなります。

引数の random_seed=42 は**乱数生成時の「乱数の種」**の指定です。この指定をすると、乱数を処理に使った関数呼び出しでもいつも同じ結果になります。書籍のサンプルコードでは、紙面と実際の実行結果が一致していることが望ましいため、このパラメータを必ず入れています。再現性を求められない実業務での利用時は、入れないほうが自然な使い方になります。

## 1.5 サンプリング結果分析

PyMC プログラミングの次のステップは、生成したサンプリング結果に対する分析です。ここはいろいろな手段があり、分量が多くなるので、節を新しくしました。大きくは表 1.5 の 3 つの手段があり、それぞれについて順に説明します。

表 1.5 サンプリング結果の分析手段

| 手段 | 説明 |
| --- | --- |
| Notebook UI を直接利用 | 特別な関数を使わず、Jupyter Notebook の機能のみ用いても、ある程度の結果分析は可能です。その方法について説明します。 |
| NumPy 形式データを抽出して分析 | サンプリング結果から**サンプル値のみを NumPy 形式のデータとして抽出**可能です。こうすることで、NumPy 形式データを対象に普通に行っているデータ分析をそのまま実施できます。 |
| ArviZ による分析 | **ArviZ はベイズ推論の結果を分析する目的で作られた別ライブラリ**です。大部分は可視化機能ですが、統計分析を行う関数もあります。これらの分析機能の代表的な例を説明します。 |

---

注6　著者が PyMC を勉強したとき一番理解に時間がかかったのがこの箇所です。変数での関係がないのにどうして定義情報が伝わるのかがわからなかったのですが、「コンテキストを通じて渡す」というのが、その疑問への答えでした。

## 1.5.1 Notebook UI を直接利用

最初にコード 1.7 のように、セルに prior_samples と入力して、Shift+Enter で実行します。

コード 1.7　prior_samples の実行

```
1    prior_samples
```

次の図 1.6 のような結果になるはずです。

図 1.6　prior_samples の実行結果

　ここで表示された prior（**事前**という意味です）という文字の左には、右を向いた三角形のアイコン（図 1.6 ではわかりやすいよう赤枠で囲みました）があります。このアイコンはデータがより深い階層を持っていて展開可能であることを意味します。下の階層にも展開可能な箇所があるので、どんどん深い階層まで展開してください。最終的には、図 1.7 のようになるはずです。

図 1.7　prior_samples の実行結果（展開後）

展開してみることで、変数 prior_samples が複雑な階層構造を持っていることがわかりました。この構造のデータが **ArviZ によるサンプル値分析の対象**になります。図 1.7 で見えるデータ構造のうち重要な点について説明します。

まず、一番上の「**Dimensions**」です。ここではサンプルデータが全部でいくつあるのかを示しています。chain は**サンプルデータが何系列存在するか**を示しています。**4 章で実習する事後分布を求めるときに意味を持つ**ようになりますが、事前分布では意味がないので、必ず 1 になっています。draw は**同一系列内のサンプルデータ数**です。今回は 500 個で、これがパラメータ指定なしで sample_prior_predictive 関数を呼び出したときのデフォルト値になっています。それから 3 つ目の「**Data variables**」にも注目します。ここでは生成したサンプル値そのものを見ることができます。その下の階層に「x」というラベルがあり、これが確率モデル定義時のコード 1.5 の 10 行目の実装 pm.Binomial('x', p=0.5, n=5) の 'x' と対応がつく形になります。

実は samples データの中身を UI から確認する手段はこれで終わりではないです。図 1.7 で右に見えているドラム缶アイコン（赤枠で囲んだ部分）をクリックしてみてください。

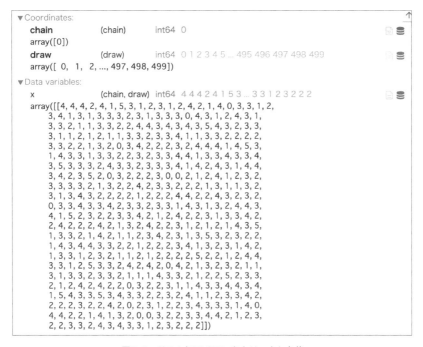

図 1.8　ドラム缶アイコンをクリックした後

図 1.8 のように、500 個のすべての生成したサンプル値を確認できました。

以上で説明したように、サンプリング結果については Notebook 上の UI だけでもある程度の分析が可能です。しかしベイズ推論では取得したサンプリング結果に対して**統計分析**したり、**可視化して解釈する**タスクがあるのが通常です。そのための手段として NumPy 形式のサンプル値を抽出して分

析する方法と、ArviZ を使って分析する方法を紹介します。

## 1.5.2 NumPy 形式データを抽出

　上で示したように、`prior_samples` のデータ構造内には**生成されたサンプル値そのもの**が入っています。このデータを NumPy 形式で抽出できれば、pandas や Matplotlib などを用いた通常のデータ分析の手法で、サンプリング結果を分析することができます。コード 1.8 では NumPy 形式データの抽出手順と簡単な分析例を示します。

コード 1.8　NumPy 形式データの抽出と簡単な分析

```
1    # 事前分布 (prior) としてのサンプル値を取得
2    x_samples = prior_samples['prior']['x'].values
3    print('type: ', type(x_samples))
4    print('shape: ', x_samples.shape)
5    print('values: ' , x_samples, '\n')
6
7    # 通常の NumPy データとして頻度分析をした例
8    value_counts = pd.DataFrame(
9        x_samples.reshape(-1)).value_counts().sort_index()
10   print(value_counts)
```

▷ 実行結果

```
1    type:  <class 'numpy.ndarray'>
2    shape:  (1, 500)
3    values: [[4 4 4 2 4 1 5 3 1 2 3 1 2 4 2 1 4 0 3 3 1 2 3 4 1 3 1 3 3 3 2 3 1 3 3 3
4      0 4 3 1 2 4 3 1 3 3 2 1 1 3 3 2 2 4 4 3 4 3 4 3 5 4 3 2 3 3 3 1 1 2 1 2
5      1 1 3 3 2 3 3 4 1 1 3 3 2 2 2 3 3 2 2 1 3 2 0 3 4 2 2 2 3 2 4 4 4 1 4
6      5 3 1 4 3 3 1 3 3 2 2 3 2 3 3 4 4 1 3 3 4 3 3 4 3 5 3 3 3 2 4 3 3 2 3 3
7      3 4 1 4 2 4 3 1 4 4 3 4 2 3 5 2 0 3 2 2 2 3 0 0 2 1 2 4 1 2 3 2 3 3 3 3
8      2 1 3 2 2 4 2 3 3 2 2 2 1 3 1 1 3 2 3 1 3 4 3 2 2 2 2 1 2 2 2 4 4 2 2 4
9      3 2 3 2 0 3 3 4 3 3 4 2 3 3 2 3 3 1 4 3 1 3 2 4 4 3 4 1 5 2 3 2 2 3 3 4
10     2 1 2 4 2 2 3 1 3 3 4 2 4 2 4 2 2 2 4 2 1 3 2 4 2 2 3 1 2 1 2 1 4 3 5 1 3
11     3 2 1 4 2 1 1 2 3 4 2 3 1 3 5 3 2 3 2 2 1 4 3 4 4 3 3 2 2 1 2 2 2 3 4 1
12     3 2 3 1 4 2 1 3 3 1 2 3 2 1 1 2 1 2 2 2 2 5 2 2 1 2 4 4 3 3 1 2 5 3 3 2
13     4 2 4 2 4 2 1 3 2 3 2 1 1 3 1 3 3 2 3 3 2 1 1 1 4 3 3 2 1 2 2 5 2 3 3
14     2 1 2 4 2 4 2 2 0 3 2 2 3 1 1 4 3 3 4 4 3 4 1 5 4 3 3 5 3 4 3 3 2 2 3 2
15     4 1 1 2 3 3 4 2 2 2 2 3 2 2 4 2 0 2 3 1 2 2 3 4 3 3 3 1 4 0 4 4 2 2 1 4
16     1 3 2 0 0 3 2 2 3 3 4 4 2 1 2 3 2 2 3 3 2 4 3 4 3 3 1 2 3 2 2 2]]
17
18   0     13
19   1     79
20   2    152
21   3    159
22   4     84
23   5     13
24   dtype: int64
```

2 行目の x_samples = prior_samples['prior']['x'].values がデータ抽出の本質的な部分です。このコードにより変数 x_samples に読者になじみの深い **NumPy 形式データ**が抽出できました。そのことを 3 行目から 5 行目の print 関数で確認しています。9 行目には、抽出した x_samples の利用例として、NumPy と pandas の関数を利用した**確率変数値別の件数カウント**のコードを示しました。

x_samples を利用して同じように**可視化コードの実装も可能**です。サンプルデータに複数の確率変数の値が含まれている場合は、2 行目のコード prior_samples['prior']['x'].values の 'x' の部分を**他の確率変数ラベルに差し替えるとそれらの値も取得**できます。

## 1.5.3 ArviZ による分析

最後に、ArviZ による分析方法の例を示します。ArviZ 自体が独立したライブラリであり、多くの関数・機能を持っています。その 1 つ 1 つを説明すると、それだけで 1 章どころか本 1 冊分の分量になってしまいます。また、そもそもの話でいうと、4 章以降で取り上げる**「事後分布分析」で力を発揮する関数が多い**です。そうした事情があるので、本節では「統計分析」「可視化」それぞれ一例のみを示すことにします。

コード 1.9 では、統計分析機能である summary 関数の利用例を示します。

コード 1.9　ArviZ によるサンプル値の集計

```
1    summary = az.summary(prior_samples, kind='stats')
2    display(summary)
```

▷実行結果（表）

|   | mean | sd | hdi_3% | hdi_97% |
|---|------|-----|--------|---------|
| x | 2.522 | 1.103 | 1.000 | 4.000 |

1 行目にあるように、関数の引数にサンプリングで得られた変数である prior_samples を直接渡していることに注目してください。コード 1.7 で確認したとおり、この変数は複雑な内部構造を持っていますが、summary 関数はその内部構造を理解した上で、統計分析を行います。summary 関数も ArviZ の他の関数と同様、**本来の分析対象はベイズ推論で得られた事後推論のサンプリング結果**です。そのため、**ベイズ推論が正しく行われたかをチェックする項目**もいくつか計算されます。しかし、**統計分析だけ実施**することも可能で、その場合はコード 1.9 の 1 行目のように kind='stats' のパラメータを渡します。

実行結果は変数ごとに行ができて、それぞれの確率変数の各種統計値が示されます。今回の例では確率変数は x しかありませんが、本格的な利用形態の場合、複数の確率変数の統計分析結果がすべて表示されます。

結果の項目のうち、**mean** は平均を、**sd** は標準偏差を示しています。

その右にある **hdi_3%** と **hdi_97%** とは何なのでしょうか。この 2 項目は今回の summary 関数呼

び出しでは指定していない、`hdi_prob`というパラメータと関係しています。このパラメータのデフォルト値は 94% です。 100% から中央部分の 94% を引くと、両端の値は 3% と 97% になるという計算から決まっています。

hdi とは highest density interval の略なのですが、この概念の説明はかなりややこしいです。2 章の最後のコラムで詳しく説明したので、気になる方はそちらを参照してください。大雑把に押さえておきたいのであれば「**統計学でよく用いられる信頼区間と似たような概念**」と理解してもらえればいいです。

コード 1.10 では可視化実装例を示します。

コード 1.10　ArviZ による可視化実装例

```
1    ax = az.plot_dist(x_samples)
2    ax.set_title('ArviZ によるサンプル値の可視化結果 ');
```

▷ 実行結果（グラフ）

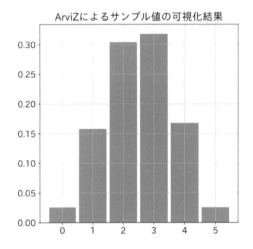

1 行目が、コード 1.8 で抽出した NumPy 型のサンプル値 x_samples を入力に、**plot_dist** 関数を利用して離散分布における確率を可視化した例です[注7]。ArviZ では、このような NumPy 形式の引数を使う関数もありますが、多くの場合、**PyMC のサンプリング結果の変数を丸ごと引数として使います**。これらの関数の利用例については、4 章以降で説明していく形になります。

---

注 7　このグラフは 1.3.1 項のコード 1.1 の実行結果として示したグラフと似ていますが、微妙に値が異なる点に注意してください。1.3.1 項のグラフでは、確率分布から計算した確率値をもとにグラフを描画しました。つまり、このグラフは「**理論上の確率値によるグラフ**」ということができます。これに対して、今回のグラフは乱数により生成したサンプル値によるグラフです。上の説明と対比させると「**乱数でシミュレーションした実測値によるグラフ**」ということができます。**後者は乱数の要素が入るために「似ているが微妙に違う」**という結果になります。

# 1.6 確率分布とPyMCプログラミングの関係

本節では、1.2節、1.3節で説明してきた**数学観点での確率分布**と、1.4節、1.5節で説明した**PyMCプログラミングによる確率分布**の関係を整理します。この整理をするに当たっては、1.4節、1.5節の実装コードのうち、今回議論している点と直接関係ある本質的な部分のみ抽出し、コード1.11の形でまとめました。

コード1.11 （コード1.5、1.6および1.8の一部を再掲）確率モデル定義用コード

```
1    model = pm.Model()
2
3    with model:
4        x = pm.Binomial('x', p=0.5, n=5)
5        prior_samples = pm.sample_prior_predictive(random_seed=42)
6
7    x_samples = prior_samples['prior']['x'].values
```

コード1.11を参照しながら、表1.3で整理した数学概念と対応がつくプログラミング要素を調べ、新しい列 **PyMCプログラミングモデル**としてまとめたのが、表1.6です。

表1.6 数学概念とPyMCプログラミングモデルの関係

| 抽象度 | 数学概念 | 具体例 | PyMCプログラミングモデル |
|---|---|---|---|
| 高い（抽象的） | 分布関数 | $_5\mathrm{C}_k \cdot p^k (1-p)^{5-k}$ | pm.Binomialクラス |
| | 確率分布 | （表1.2） | pm.Binomial('x', p=0.5, n=5)<br>（確率モデル定義式の右辺） |
| | 確率変数 | X<br>（5回くじを引いたときの当たりの数） | x<br>（確率モデル定義式の左辺） |
| 低い（具体的） | サンプル値 | 2 | prior_samples['prior']['x'].values |

抽象度の高い順に調べていきます。

最も抽象度の高い**分布関数**と対応するプログラミング要素は、分布関数を表現するクラスの1つである、**pm.Binomialクラス**そのものです。数学概念の分布関数は、特性を示すパラメータの値が定まっていないため抽象的な存在ですが、同じことは、まだインスタンス化されていない **pm.Binomialクラス**に対してもあてはまります。

では、**確率分布**はどうでしょうか。表1.2で示される確率分布は、分布関数に出てくるパラメータのうち確率値pと試行数nが固定され、**確率変数の値を $k = 2$ のように定めると対応する確率値が定まる状態**であるといえます。コード1.11のプログラミングモデル内で対応する実装を探すと、pm.Binomialクラスから**パラメータの値を定数として指定した状態**で生成されたインスタンスである pm.Binomial('x', p=0.5, n=5)が該当します。

**確率変数** $X$ はどうでしょうか。これは確率モデル定義式の左辺である x が対応すると考えられます。

最後の**サンプル値**に関しては、pm.sample_prior_predictive関数呼び出しで生成された変数

prior_samples から prior_samples['prior']['x'].values のコードで抜き出された部分が該当することは、1.5 節で説明したとおりです。

いかがでしょうか。このように数学の各概念をプログラミングモデルの構成要素と対比させてみると、ぼんやりしていて具体的なイメージが持ちにくかった**数学概念がそれぞれどんなことを意味しているのか**、わかってくるはずです。

---

✎ Column

## 確率モデルとサンプル値（観測値）の関係を考える

ここで、やや回りくどい話をします。このコラムの内容が理解できなくても、本章の理解に支障はありません。しかし、著者自身は数学における「確率」の考えに、以前からしっくりこないところがあり、自問自答の意味も込めてこのコラムを起こしてみました。同じ疑問を持っている読者には、ぜひ読んでほしいですが、そうでない読者はスキップしてください。

著者がなぜ「確率」の話にしっくりこないのかを深く考えてみると、それはある種の「うさんくささ」に由来するのではないかと思います。数学は体系だった非常に厳密な学問であることは、改めて説明するまでもありません。「確率」の場合、確率分布に代表される「確率モデル」がまさに、**その厳密性を体現する**ものになっています。そして、確率モデルは何のためにあるかというと、現実世界で起きている事象、つまり表 1.3 でいうところの**サンプル値（観測値）の性質を説明するため**です。

ここで、「**サンプル値によって観測される事象は本当に確率モデルで表現できるのか。数学的な証明はあるのか**」という疑問が出てきます。この問題は、著者が理解している範囲では、哲学の分野において何千年もの間論じられてきた**「演繹」と「帰納」の対立問題**に帰着されます。証明を求める場合、演繹的に導き出される必要がありますが、この方法で確率モデルと観測値の関係を説明することはできません。一方で、確率モデルが存在すると仮定し、観測値が得られる可能性を認めることで、現実世界で役立つ推論が可能です。つまり、**確率モデルは「役に立つから存在する」**という帰納的アプローチによってのみ実証されることになります。

3 章で詳しく解説しますが、ベイズ推論の根幹のアイデアは、ある事象の観測値（サンプル値）を出発点とし、**観測値から逆算することで確率モデルの内部構造を推論する**という手法です。では、ここで指定される観測値は、実際にはどのように得られるのでしょうか。

著者の理解では、これは 2 つの方法によって行われます。1 つは、実世界で得られた**本当の観測値**です。ベイズ推論では、まず、この観測値がどのような確率モデルから出現したのかを考え、PyMC によるプログラミングで確率モデルを記述します。ここで定義した**確率モデル構造が正しいことを前提にして、最適なパラメータ値の確率分布を導出する**のがベイズ推論の役割です。

ベイズ推論で推論結果の確率分布は、前提とした確率モデル構造が本当に正しかったのかどうかについては語ってくれません。実装者は、推論結果で観測された事象がうまく説明できているかなどを手がかりに、確率モデルの妥当性の判断は別途行う必要があります[注8]。

---

注8　確率モデルに対するデータ $x$ の当てはまり具合（尤度）$p(x)$ を計算することによって、「そのモデルからそのデータが出現したもっともらしさ」を評価することができます。この手段により、複数の確率モデルがあったとき、相対的にはどのモデルがよさそうか、現実をうまく表現できていそうかを評価することは可能です。

　ベイズ推論に限らず統計分析全般にいえることですが、こうした限界について、実業務での分析時には常に意識する必要があります。

　実際に観測された値以外にベイズ推論の「観測値」として利用できる値があります。それは、**疑似乱数によるシミュレーション結果**です。この場合、シミュレーションは原則として確率モデルに基づいて行われます。つまり、このケースであれば、観測値と確率モデルは厳密に対応しているように見えます。しかし、この場合も厳密にはそうではありません。疑似乱数とは、その名のとおり計算機で導出可能な疑似的な乱数であり、**数学的な意味での真の乱数ではありません**。同じ分布に従う1つ前の乱数値と次の乱数値の値は、一見無関係に見えますが、実は微妙な関係性があるのです。なので、疑似乱数を使った観測値であっても、元の確率モデルとの対応が完全につくものではない、つまり多少うさんくさいところは残ることになるのかと思います。

　このコラムの内容については、下記文献での議論を参考にさせていただきました。

・大塚淳『統計学を哲学する』名古屋大学出版会（2020）

　https://www.unp.or.jp/ISBN/ISBN978-4-8158-1003-0.html

# 第2章 よく利用される確率分布

　1章では、「確率分布とは何か」を抽象的なレベルで説明しました。2章では、**具体的な確率分布と対応がつくPyMCのクラス**を同時に紹介していきます。各確率分布に対しては、それぞれの**分布関数**を数式としても示しますが、そこは完全にわからなくて構いません。**対応する事象**の理解と、それぞれの分布関数を用いた**実習コードの挙動**を通じて、どんな分布であるのかを理解するようにしてください。

　表2.1に本章で説明する確率分布の一覧をつけました。今の段階では説明の欄の意味がわからなくて構いません。本章を読み終えたときに、表2.1を見直して、それぞれの確率分布がどういうものであるかを説明できる状態になることが本章の目標となります。

表 2.1　2章で説明する確率分布

| 節 | 確率分布名 | PyMC クラス名 | 離散・連続 | 説明 |
|---|---|---|---|---|
| 2.1 | ベルヌーイ分布 | pm.Bernoulli | 離散分布 | 確率変数 X の値が、1：くじに当たったとき、0：くじにはずれたときの2通りである場合の確率分布 |
| 2.2 | 二項分布 | pm.Binomial | 離散分布 | ベルヌーイ試行を $n$ 回実施した場合の当たりの回数 $X$ を確率変数とする確率分布 |
| 2.3 | 正規分布 | pm.Normal | 連続分布 | 大量の受験者がいた場合のテストの得点分布で想定される、平均と標準偏差で説明される確率分布 |
| 2.4 | 一様分布 | pm.Uniform | 連続分布 | 一様乱数の確率モデルとなる確率分布 |
| 2.5 | ベータ分布 | pm.Beta | 連続分布 | 二項分布の観測値から推定される確率値の確率分布 |
| 2.6 | 半正規分布 | pm.HalfNormal | 連続分布 | 常に正の連続値をとる確率分布。正規分布モデルの標準偏差用の確率変数としてよく用いられる |

　確率分布は、この他にも数多く存在します。しかし、そのすべてを網羅的に説明しようとすると、それだけで本1冊の分量になり、統計の教科書になってしまいます。本書の目的はそこにはないので、表2.1に出てくる確率分布は **4章以降の実習で必要なもの** という観点で絞り込んでいます。本書を通じて**確率分布の基本的な考え方**を押さえることができれば、それを**他の確率分布に拡張することは容易に可能**です。他の書籍などを通じて対象を広げるようにしてください。

## 2.1 ベルヌーイ分布 (pm.Bernoulli クラス)

最初に紹介するのは、離散分布の1つであるベルヌーイ分布です。

### 2.1.1 対応する事象

当たりの確率が変化せず、また1回目に当たりであったかどうかが次の回の当たりにまったく影響しないくじ引きの機械があったとします。このとき、確率変数 $X$ の値を、

　　1：くじに当たったとき

　　0：くじにはずれたとき

と規定します。このとき、確率変数 $X$ の確率分布を $P(X)$ で示すと、$P(X)$ は**ベルヌーイ分布**に従います。

### 2.1.2 確率分布を示す数式

1回の試行でくじに当たる確率を $p$ で表すことにします。この場合、ベルヌーイ分布の確率分布を示す数式は (2.1) になります。離散分布において、確率分布を示す数式のことを**確率質量関数**と呼びます。

$$P(X = k) = p^k \cdot (1 - p)^{1-k} \tag{2.1}$$

式 (2.1) に解説を加えます。上の定義から確率変数 $X$ の値は、1の場合と0の場合の2通りしかない点に注意してください。指数関数では任意の正数 $a$ に対して $a^0 = 1$ が成り立ちます。この点を頭においたうえで、式 (2.1) に対して $k = 1$, $k = 0$ それぞれの値を代入してみてください。すると、

$$P(X = 1) = p^1 \cdot (1 - p)^0 = p$$
$$P(X = 0) = p^0 \cdot (1 - p)^1 = 1 - p$$

であることがわかります。つまり、式 (2.1) は、$k = 1$, $k = 0$ **の場合分けをせずに2つの式を同時に表している**のです。

### 2.1.3 実装コード

コード 2.1 にベルヌーイ分布の PyMC における確率モデル定義の実装を示します。

コード 2.1　ベルヌーイ分布の確率モデル定義（p=0.5）

```
1    # パラメータ設定
2    p = 0.5
3
4    model1 = pm.Model()
5    with model1:
6        # pm.Bernoulli: ベルヌーイ分布
7        # p: くじに当たる確率
8        x = pm.Bernoulli('x', p=p)
```

コード 2.1 の 8 行目が、PyMC におけるベルヌーイ分布の実装クラスである pm.Bernoulli を呼び出している箇所です。確率分布の特性を決めるパラメータは p で、これは**当たりの確率を示す**パラメータになっています。今回の実習では、このパラメータに 0.5 を設定しています。

コード 2.2 は事前分布のサンプリング結果取得のための実装です。

コード 2.2　事前分布のサンプリング

```
1    with model1:
2        prior_samples1 = pm.sample_prior_predictive(random_seed=42)
```

コード 2.1 で定義済みの model1 を引用した**コンテキスト定義内でサンプリング用の** sample_prior_predictive **関数を呼び出す**点がポイントです。サンプリングデータ取得のためには乱数を用いますが、結果を紙面と同じにするため、固定した乱数の seed 値を指定しています。

コード 2.3 では、サンプリング結果から生成したサンプル値を抽出し、NumPy 形式データとして取得しています。

コード 2.3　NumPy 形式のサンプル値抽出

```
1    x_samples1 = prior_samples1['prior']['x'].values
2    print(x_samples1)
```

▷ 実行結果（テキスト）

```
1    [[1 1 1 0 1 0 1 1 0 0 1 0 0 1 0 0 1 0 1 1 0 0 1 1 0 1 0 1 1 1 0 1 0 1 1 1
2     0 1 1 0 0 1 1 0 1 1 0 0 0 1 1 0 0 1 1 1 1 1 1 1 1 1 1 1 0 1 1 1 0 0 0 0 0
3     0 0 1 1 0 1 1 1 0 0 1 1 0 0 0 0 1 1 0 0 0 1 0 0 1 1 0 0 0 1 0 1 1 1 0 1
4     1 1 0 1 1 1 0 1 1 0 0 1 0 1 1 1 1 0 1 1 1 1 1 1 1 1 1 1 0 1 1 1 0 1 1
5     1 1 0 1 0 1 1 0 1 1 1 1 0 1 1 0 0 1 0 0 0 1 0 0 0 0 0 1 0 0 1 0 1 1 1 1
6     0 0 1 0 0 1 0 1 1 0 0 0 0 1 0 0 1 0 1 0 1 1 1 0 0 0 0 0 0 0 0 1 1 0 0 1
7     1 0 1 0 0 1 1 1 1 1 1 0 1 1 0 1 1 0 1 1 0 1 0 1 1 1 1 0 1 0 1 0 0 1 1 1
8     0 0 0 1 0 0 1 0 1 1 1 0 1 0 0 0 1 0 0 1 0 1 0 0 1 0 0 0 0 0 0 1 1 1 0 1
9     1 0 0 1 0 0 1 1 0 1 0 1 1 1 0 1 0 0 0 1 1 1 1 1 1 0 0 0 0 0 0 1 1 0
10    1 0 1 0 1 0 0 1 0 0 1 0 0 0 0 0 0 0 0 0 0 1 1 1 1 0 0 1 1 1 0
11    1 0 1 0 0 1 0 0 1 0 1 0 0 0 1 0 1 1 0 1 1 0 0 0 0 1 1 1 0 0 0 0 1 0 1 1
12    0 0 0 1 0 1 0 0 0 1 0 0 1 0 0 1 1 1 1 1 1 1 0 1 1 1 1 1 1 1 1 1 0 0 1 0
13    1 0 0 0 1 1 1 0 0 0 1 0 0 1 0 1 0 0 0 1 1 1 1 0 1 0 1 0 1 1 0 0 0 1
14    0 1 0 0 0 1 0 0 1 1 1 1 0 0 0 1 0 0 1 1 0 1 1 1 1 1 0 0 1 0 0 0]]
```

実行結果は、1と0のどちらかの値であることが確認できました。これは、ベルヌーイ分布の定義にそった形になっています。

コード2.4 では、ArviZ の summary 関数を用いて、この**サンプリング結果を統計的に分析**します。

コード2.4　サンプリング結果の統計分析

```
1    summary1 = az.summary(prior_samples1, kind='stats')
2    display(summary1)
```

▷ 実行結果（表）

|   | mean | sd | hdi_3% | hdi_97% |
|---|------|-----|--------|---------|
| x | 0.512 | 0.500 | 0.000 | 1.000 |

結果の表のうち、mean は「**平均**」を、sd は「**標準偏差**」を示しています。

確率 $p = 0.5$ のベルヌーイ分布の場合、理論上

$$\mu\,(平均) = 1 \cdot p + 0 \cdot (1-p) = 1 \cdot 0.5 + 0 \cdot 0.5 = 0.5$$
$$\sigma^2 = (1-\mu)^2 \cdot p + (0-\mu)^2 \cdot (1-p) = 0.25$$
$$\sigma\,(標準偏差) = 0.5$$

となるので、どちらの値も 0.5 になるはずです。上の表の結果は、理論値とほぼあった形になっていることがわかります。実行結果のうち、hdi_3% と hdi_97% については、連続分布のほうが意味がわかりやすいので、2.3 節で説明します。

コード2.5 では、コード2.3 で得られた x_samples1 を用いて**棒グラフによる可視化**を行っています。

コード2.5　サンプリング結果の可視化

```
1    ax = az.plot_dist(x_samples1)
2    ax.set_title(f' ベルヌーイ分布　p={p}');
```

▷ 実行結果（グラフ）

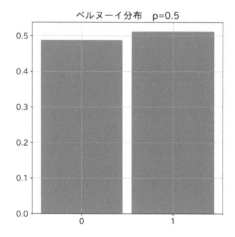

コード 2.4 の結果からわかっている「1 の件数が 0 の件数よりやや多い」事象をグラフにより改めて確認できました。ぴったり 0.5 に一致しないのは乱数の要素が入っているからです。全体を通じて、ここで得られたサンプリング結果は、**確率 0.5 で当たりの出るくじ引きにおいて、当たり：1、はずれ：0 で表現した確率変数のサンプル値として妥当**なことがわかりました。

## 2.2 二項分布 (pm.Binomial クラス)

二項分布も、ベルヌーイ分布と同様に離散分布です。また、二項分布はベルヌーイ分布と深い関係にあります。

### 2.2.1 対応する事象

直前の結果が直後の結果に依存しない[注1] ベルヌーイ試行（例としては 2.1 節のくじ引き）があったとします。

確率変数 $X$ を $n$ 回くじを引いたときに**くじに当たった回数**とします。定義から確率変数 $X$ の値は

$$0 \leq X \leq n$$

を満たす非負整数になります。

このとき、確率変数 $X$ の確率分布を $P(X)$ で示すと、$P(X)$ は**二項分布**に従います。

### 2.2.2 確率分布を示す数式

1 回の試行でくじに当たる確率を $p$、試行回数を $n$ で表すことにします。このとき、二項分布の確率分布を示す数式（確率質量関数）は次の式 (2.2) になります。

$$P(X = k) = {}_n\mathrm{C}_k \cdot p^k (1-p)^{n-k} \tag{2.2}$$

以降の数式の説明は、理解が難しいと感じた方は読み飛ばしてもらって結構です。

最初に問題をわかりやすくするため $n = 5, k = 2$ の場合を考えます。$k = 2$ となる特定のパターンとして「当たり」「当たり」「はずれ」「はずれ」「はずれ」のケースがあります。この特定のケースの確率を計算します。今、「当たり」の確率が $p$ であるとします。このとき「はずれ」の確率は $1 - p$ です。前の結果が次の結果に影響しないことから、上のパターンの発生確率はそれぞれ個別の事象の発生確率をかけあわせたものです。つまり、

$$p \cdot p \cdot (1-p) \cdot (1-p) \cdot (1-p) = p^2 \cdot (1-p)^3$$

---

注1　数学的には「独立な事象」と呼びます。

次に $n = 5,\ k = 2$ となるすべてのパターンを考えてみます。5 回の試行で「当たり」2 回、「はずれ」3 回となる組合せパターン数は全部で $_5\mathrm{C}_2$ です。よって、$n = 5$ の場合、$P(X = 2)$ は、以下の数式で示されます。

$$P(X = 2) = {}_5\mathrm{C}_2 \cdot p^2 \cdot (1 - p)^3$$

　この結果において、$5 \to n,\ 2 \to k$ の一般化を行うと、以下の式となります。

$$P(X = k) = {}_n\mathrm{C}_k \cdot p^k (1 - p)^{n-k}$$

これで式 (2.2) を示すことができました。

### 2.2.3 実装コード

　コード 2.6 に二項分布の確率モデルを定義する実装を示します。

コード 2.6　二項分布の確率モデル定義 (p=0.5, n=5)

```
1    # パラメータ設定
2    p = 0.5
3    n = 5
4
5    model2 = pm.Model()
6    with model2:
7        # pm.Binomial: 二項分布
8        # p: くじに当たる確率
9        # n: 試行回数
10       x = pm.Binomial('x', p=p, n=n)
```

　10 行目が二項分布の PyMC における実装クラスである pm.Binomial を呼び出している箇所です。二項分布では、くじに当たる確率 $p$ と全体の試行回数 $n$ が分布関数の持つパラメータです。コード 2.6 では、$p = 0.5, n = 5$ の値でインスタンスを生成しています。

　コード 2.7 では、コード 2.6 で定義した確率モデルからサンプリングを実施し、あわせてサンプリング結果の統計分析を行っています。

コード 2.7　サンプリングと結果分析

```
1    with model2:
2        # サンプリング
3        prior_samples2 = pm.sample_prior_predictive(random_seed=42)
4
5    # サンプル値抽出
6    x_samples2 = prior_samples2['prior']['x'].values
7    print(x_samples2)
8
```

```
 9     # サンプリング結果の統計分析
10     summary2 = az.summary(prior_samples2, kind='stats')
11     display(summary2)
12
13     # サンプリング結果の可視化
14     ax = az.plot_dist(x_samples2)
15     ax.set_title(f' 二項分布　p={p} n={n}');
```

▷ 実行結果（テキスト）

```
 1    [[4 4 4 2 4 1 5 3 1 2 3 1 2 4 2 1 4 0 3 3 1 2 3 4 1 3 1 3 3 3 2 3 1 3 3 3
 2     0 4 3 1 2 4 3 1 3 3 2 1 1 3 3 2 2 4 4 3 4 3 4 3 5 4 3 2 3 3 3 1 1 2 1 2
 3     1 1 3 3 2 3 3 4 1 1 3 3 2 2 2 3 3 2 2 1 3 2 0 3 4 2 2 2 3 2 4 4 4 1 4
 4     5 3 1 4 3 3 1 3 3 2 2 3 2 3 3 4 4 1 3 3 4 3 3 4 3 5 3 3 3 2 4 3 3 2 3 3
 5     3 4 1 4 2 4 3 1 4 4 3 4 2 3 5 2 0 3 2 2 2 3 0 0 2 1 2 4 1 2 3 2 3 3 3 3
 6     2 1 3 2 2 4 2 3 3 2 2 1 3 1 1 3 2 3 1 3 4 3 2 2 2 1 2 2 2 4 4 2 2 4
 7     3 2 3 2 0 3 3 4 3 3 4 2 3 3 2 3 3 1 4 3 1 3 2 4 4 3 4 1 5 2 3 2 2 3 3 4
 8     2 1 2 4 2 2 3 1 3 3 4 2 2 4 2 2 2 4 2 1 3 2 4 2 2 2 3 1 2 1 2 1 4 3 5 1 3
 9     3 2 1 4 2 1 1 2 3 4 2 3 1 3 5 3 2 3 2 2 1 4 3 4 4 3 3 2 2 1 2 2 2 3 4 1
10     3 2 3 1 4 2 1 3 3 1 2 3 2 1 1 2 1 2 2 2 2 5 2 2 1 2 4 4 3 3 1 2 5 3 3 2
11     4 2 4 2 0 4 2 1 3 2 3 2 1 1 3 1 3 3 2 3 3 2 1 1 1 4 3 3 2 1 2 2 5 2 3 3
12     2 1 2 4 2 4 2 2 0 3 2 2 3 1 1 4 3 3 4 4 3 4 1 5 4 3 3 5 3 4 3 3 2 2 3 2
13     4 1 1 2 3 3 4 2 2 2 2 3 2 2 4 2 0 2 3 1 2 2 3 4 3 3 3 1 4 0 4 4 2 2 1 4
14     1 3 2 0 0 3 2 2 3 3 4 4 2 1 2 3 2 2 3 3 2 4 3 4 3 3 1 2 3 2 2 2]]
```

▷ 実行結果（表）

|   | mean | sd | hdi_3% | hdi_97% |
|---|------|------|--------|---------|
| x | 2.522 | 1.103 | 1.000 | 4.000 |

▷ 実行結果（グラフ）

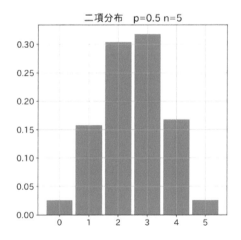

$n = 5$ の場合の確率変数 $X$ の値は、0 から 5 までの整数値です。サンプル値の表示結果から、この範囲の整数値がランダムに生成されていることがわかります。統計分析結果から平均値が 2.5 に近いことがわかります。また、棒グラフの結果から 2 と 3 の出現頻度が多いことが読みとれます。これらの結果も妥当だと考えられます。

二項分布に関しては、もう 1 パターン、同じ $p$ の値で、$n$ を 10 倍の 50 にしたケースも試してみます。今回は確率モデル定義からサンプリング結果分析まで一気に行います。実装はコード 2.8 です。

コード 2.8　二項分布の確率モデル定義（p=0.5, n=50）とサンプリング結果分析

```
1    # パラメータ設定
2    p = 0.5
3    n = 50
4
5    model3 = pm.Model()
6    with model3:
7        # pm.Binomial: 二項分布
8        # p: くじに当たる確率
9        # n: 試行回数
10       x = pm.Binomial('x', p=p, n=n)
11
12       # サンプリング
13       prior_samples3 = pm.sample_prior_predictive(random_seed=42)
14
15   # サンプル値の抽出
16   x_samples3 = prior_samples3['prior']['x'].values
17   print(x_samples3)
18
19   # サンプリング結果の統計分析
20   summary3 = az.summary(prior_samples3, kind='stats')
21   display(summary3)
22
23   # サンプリング結果の可視化
24   ax = az.plot_dist(x_samples3)
25   ax.set_title(f' 二項分布　p={p} n={n}');
```

▷ 実行結果（テキスト）

```
1    [[30 30 29 23 31 22 34 27 21 24 26 22 23 30 25 20 30 17 27 25 22 24 28 29
2      20 26 21 26 27 28 23 26 20 26 28 27 18 29 27 19 22 29 26 21 27 28 23 19
3      20 25 22 22 24 31 29 26 31 26 29 27 32 30 26 24 27 25 26 20 19 23 20 24
4      19 21 26 25 25 28 26 28 20 20 27 26 22 24 24 25 26 25 22 20 27 24 18
5      26 29 24 23 24 27 22 28 29 30 19 30 32 28 19 28 26 26 22 27 25 24 25 27
6      23 26 27 30 30 20 28 26 28 26 27 30 26 32 28 26 27 23 31 27 26 23 28 26
7      25 29 20 28 25 30 27 20 29 28 26 30 23 28 32 24 18 27 24 24 23 25 17 16
8      24 26 25 30 21 24 26 22 27 27 28 26 23 21 25 24 22 30 23 26 26 22 24 24
9      21 26 21 21 26 22 28 19 27 31 26 24 23 22 24 20 24 25 22 29 28 22 23 30
10     27 25 28 23 17 25 26 31 28 27 29 24 27 26 24 25 27 22 29 25 20 26 23 29
11     30 27 29 21 32 22 26 23 22 27 27 29 25 20 22 29 23 24 25 20 27 25 28 23
12     24 31 22 24 24 29 25 22 26 25 28 25 24 27 21 22 22 24 19 29 27 34 19 26
13     26 24 19 30 25 20 21 25 27 32 25 26 19 26 34 28 24 25 25 25 19 29 26 28
```

```
14 │    28 27 26 25 23 21 24 24 22 25 30 22 26 25 25 20 29 23 21 25 28 20 22 26
15 │    24 20 22 24 20 23 23 25 23 32 22 24 20 24 30 29 26 25 20 24 34 27 28 25
16 │    29 23 29 22 18 28 24 21 25 24 27 25 18 22 25 20 28 28 24 27 26 22 19 21
17 │    20 30 27 25 23 22 23 25 32 22 26 25 22 20 24 29 23 28 24 23 18 26 24 24
18 │    28 22 20 28 25 26 30 30 27 28 20 32 30 27 26 33 26 29 28 26 22 23 27 25
19 │    28 21 20 25 26 25 29 24 23 23 23 25 24 22 30 22 18 25 28 19 23 24 27 30
20 │    25 27 26 21 29 16 29 30 24 23 22 31 22 25 23 17 17 28 24 24 26 28 29 30
21 │    22 21 22 28 24 24 27 25 23 30 25 29 25 28 19 24 26 23 22 22]]
```

▷ 実行結果（表）

|   | mean | sd | hdi_3% | hdi_97% |
|---|------|-----|--------|---------|
| x | 24.998 | 3.456 | 18.000 | 30.000 |

▷ 実行結果（グラフ）

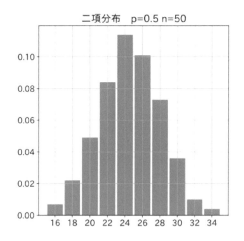

　具体的なサンプル値に関して、理屈の上では 0 とか 50 とかの値もあり得ますが、実際にはそのような結果は一切なくなります。これはコインを 50 回連続で投げたとき、すべて表とかすべて裏になることが現実的にあり得ない話と同じです。そして、サンプル値の分布が、最小値 16、最大値 34 と理論上の平均値 25（0.5 × 50 = 25）に近い領域に集中してきました。一般的に二項分布では $n$ の値を大きくすることで、**棒グラフの形状が釣鐘型に近づく**ことがわかっています。そして、このことが次の**正規分布と関係**しています。

## 2.3 正規分布（pm.Normal クラス）

正規分布は、自然界でランダムな**連続値をとる観測値に対して、近似できることの多い確率分布**です。分布の種別でいうと連続分布に該当します。そのため、ベイズ推論でも**事前分布を示す確率モデルとして非常によく用いられます**。

### 2.3.1 対応する事象

自然界のさまざまなデータ分布は正規分布で近似できるのですが、その一例として、機械学習でよく用いられるアイリス・データセットから、その様子を確認します。コード 2.9 ではアイリス・データセットから setosa という種類の花のがく片長（sepal_length）の分布を調べています。

コード 2.9　アイリス・データセットから、setosa のがく片長（sepal_length）の分布を調べる

```
1    # アイリス・データセットの読み込み
2    df = sns.load_dataset('iris')
3
4    # setosa の行のみ抽出
5    df1 = df.query('species == "setosa"')
6
7    bins = np.arange(4.0, 6.2, 0.2)
8    # 分布の確認
9    sns.histplot(df1, x='sepal_length', bins=bins, kde=True)
10   plt.xticks(bins);
```

▷ 実行結果（グラフ）

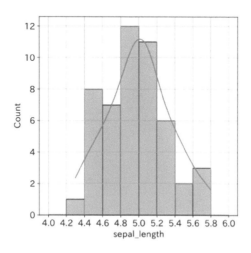

実行結果は、ヒストグラムと曲線グラフの重ね描きになっています。**ヒストグラム**とは、対象データの範囲をいくつかのグループ（ビンと呼ばれる）に分け、それぞれのビンに含まれるデータの個数（ま

たは頻度）を棒グラフとして表示する可視化手法です。今回は、実観測データを対象に、この可視化を行っています。曲線グラフは**カーネル密度推定**（**KDE : kernel density estimation**）という手法で、この観測値を近似する関数を作った結果です。1章で説明した数学概念と対応づけると**確率密度関数**とほぼ同じものを指すことになります。後者の曲線グラフに注目すると、その形状が釣鐘型になっていることがわかります。このような場合、ほとんどのケースで分布を正規分布で近似することが可能です。先の話になりますが、5.1節の実習では、「コード2.9のグラフの分布が正規分布で近似できる」という前提をおいた上で、ベイズ推論で最適なパラメータ分布を求めます。

受験で使われる「偏差値」も正規分布の応用例です。数万人単位の非常に多くの受験者の試験結果の得点をヒストグラムで表現すると、グラフは正規分布に近くなります。後ほど説明するように、正規分布の特性を規定するパラメータは**平均**（$\mu$）と**標準偏差**（$\sigma$）の2つです。統計データからこの2つの値の近似値を求めると、特定の受験者が、分布の平均からどの程度ずれているかを標準偏差（$\sigma$）の値を基準に、標準的に示すことが可能です。例えば、「**偏差値60**」とは、統計の言葉でいうと、**受験者の得点が** $\mu + \sigma$ **だった**ことを意味します。理想的な正規分布における確率値の言葉で言い換えると、**上位15.9%** ということになります。

正規分布がこのように自然界の多くの事象をうまく説明できる理由の1つとして、中心極限定理との関係があると考えられます。2.2節で説明した**二項分布は 試行数** $n$ **を無限大に近づけると正規分布に収束する**ことが数学的に証明されていて、それを示す定理が**中心極限定理**になります。

## 2.3.2 確率分布を示す数式

正規分布の特性を規定するパラメータは、平均（$\mu$）と標準偏差（$\sigma$）の2つです。この2つのパラメータを用いて確率分布を表す数式（確率密度関数）は次の式 (2.3) になります。正規分布の確率密度関数は**正規分布関数**と呼ばれることがあり、この呼び方を本書でも今後用います。

$$f(x) = \frac{1}{\sqrt{2\pi}\sigma} \exp\left(-\frac{(x-\mu)^2}{2\sigma^2}\right) \tag{2.3}$$

かなり複雑な式ですが、意味を正確に理解しなくても問題ないです。コード2.10に、正規分布関数の実装とグラフ描画結果を示します。

コード 2.10　正規分布関数の定義とグラフ描画

```
1    # 正規分布関数の定義
2    # （式 (2.3) を NumPy で実装）
3    def norm(x, mu, sigma):
4        return np.exp(-((x - mu)/sigma)**2/2) / (np.sqrt(2 * np.pi) * sigma)
5
6    # パラメータ定義
7    mu1, sigma1 = 3.0, 2.0
8    mu2, sigma2 = 1.0, 3.0
9
```

```
10    # グラフ描画用 x 座標の定義
11    # 2 つの正規分布関数で± 3sigma まで入るように計算
12    x = np.arange(-8.0, 10.0, 0.01)
13
14    # x 軸目盛の設定
15    xticks = np.arange(-8.0, 11.0, 1.0)
16
17    # グラフ描画
18    plt.plot(x, norm(x, mu1, sigma1), label=f'mu={mu1} sigma={sigma1}')
19    plt.plot(x, norm(x, mu2, sigma2), label=f'mu={mu2} sigma={sigma2}')
20    plt.xticks(xticks, fontsize=12)
21    plt.legend(fontsize=12)
22    plt.title(f' 正規分布関数のグラフ ');
```

▷ 実行結果（グラフ）

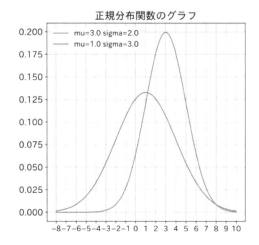

コード 2.10 では、2 つのパラメータ値を変えるとグラフの形状がどう変わるかも確認するため、$\mu = 3.0$, $\sigma = 2.0$ と $\mu = 1.0$, $\sigma = 3.0$ の 2 パターンを同時に描画しました。グラフの描画結果を通じて

- 平均 $\mu$ を対称の軸とした釣鐘型のグラフである
- バラツキの大きさ（裾の長さ）は標準偏差 $\sigma$ で規定される

の 2 点を押さえるようにしてください。

### 2.3.3 実装コード

本節の冒頭で説明したように正規分布は連続分布です。PyMC では、2.1 節、2.2 節で離散分布を対象に行ったのと同様の形で、連続分布に対しても確率モデルを定義しサンプル値を取得することが可

能です。その具体的な実装をコード 2.11、コード 2.12 に示します。

コード 2.11　正規分布の確率モデル定義（mu=0.0, sigma=1.0）

```
1   # パラメータ設定
2   mu = 0.0
3   sigma = 1.0
4
5   model4 = pm.Model()
6   with model4:
7       # pm.Normal: 正規分布
8       # mu: 平均
9       # sigma: 標準偏差
10      x = pm.Normal('x', mu=mu, sigma=sigma)
```

　コード 2.11 の 10 行目で、PyMC における正規分布の実装クラスである pm.Normal を呼び出しています。正規分布の場合、分布の振る舞いを規定するパラメータは mu と sigma の 2 つで、それぞれ平均と標準偏差を意味します。コード 2.11 では、平均 mu=0.0、標準偏差 sigma=1.0 を指定しています。このパターンで生成されるサンプル値は、NumPy の場合 np.random.randn 関数で生成される乱数と同じ性質のものになります。

コード 2.12　サンプリングとサンプリング結果の分析

```
1   with model4:
2       # サンプリング
3       prior_samples4 = pm.sample_prior_predictive(random_seed=42)
4
5   # サンプル値抽出
6   x_samples4 = prior_samples4['prior']['x'].values
7   # 桁数が多いので先頭 100 個だけに限定
8   print(x_samples4[:,:100])
9
10  # サンプリング結果の可視化
11  ax = az.plot_dist(x_samples4)
12  ax.set_title(f' 正規分布  mu={mu} sigma={sigma}');
```

▷ 実行結果（テキスト）

```
1   [[ 0.418  0.606  0.029 -1.084  1.464  0.291 -1.331 -0.035  0.280  0.107
2    -1.921  1.579  1.006  0.451 -0.593  0.094  1.852 -0.256 -0.283  0.416
3    -1.089 -1.967  0.887 -1.328 -0.132 -0.362  0.782  0.283 -1.006  0.019
4    -1.243  2.603  0.151 -0.516 -0.220  0.402  1.361  0.743  0.937  0.175
5     1.525  0.098 -1.165  0.524 -1.066 -0.311  0.556 -0.100 -0.258 -1.590
6    -1.815  0.536  1.271 -0.554  1.724 -0.312  0.063  1.382  0.585 -0.510
7     0.251  0.406  0.866 -0.534 -0.039  1.143 -0.464  2.267 -0.529  0.325
8    -0.154 -0.820 -1.203  0.095 -1.362  0.277  0.307 -1.404 -1.539  1.597
9     1.268 -0.744 -1.379 -0.373  0.225 -0.797 -0.190  0.405 -1.567  1.622
10   -0.559  1.285 -0.649  0.642  2.170 -0.549  0.032 -0.744  1.306  0.870]]
```

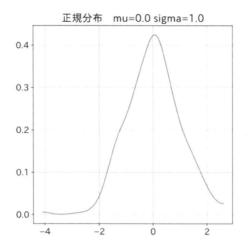

　8 行目の print 関数呼び出しでは、得られるサンプル値が浮動小数点数で、表示結果の桁数が多くなるため、先頭の 100 個に絞り込んで表示しました。

　11 行目の plot_dist 関数は、数値がランダムな浮動小数点数である場合、「**このサンプル値は連続分布から生成されたものである**」と判断して、自動的にヒストグラムでなく、**連続関数で近似した関数グラフ**を表示します。plot_dist 関数呼び出しでは、オプションを指定すると、ヒストグラム表示にすることもできます。コード 2.13 では、ヒストグラム表示にする実装とその結果を示します。

コード 2.13　サンプリング結果のヒストグラム表示

```
1    bins = np.arange(-3,3.5,0.5)
2    ax = az.plot_dist(x_samples4, kind='hist',
3        hist_kwargs={'bins':bins})
4    plt.xticks(np.arange(-3,4,1))
5    ax.set_title(f' 正規分布  mu={mu} sigma={sigma}');
```

▷ 実行結果（グラフ）

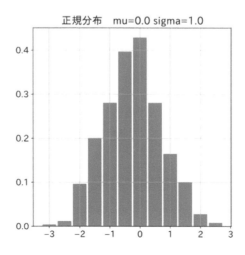

コード 2.13 ではヒストグラムの範囲の区切り方や、目盛の振り方をオプションで細かく指定して、グラフの見た目をきれいにしています。

コード 2.14 では、ArviZ の summary 関数を用いてサンプリング結果を統計分析しました。

コード 2.14　サンプリング結果の統計分析

```
1    summary4 = az.summary(prior_samples4, kind='stats')
2    display(summary4)
```

▷ 実行結果（表）

|   | mean | sd | hdi_3% | hdi_97% |
|---|------|-----|--------|---------|
| x | 0.009 | 0.963 | -1.590 | 1.900 |

平均値を意味する mean=0.009、標準偏差を意味する sd=0.963 となっています。今回の正規分布は平均 0.0、標準偏差 1.0 のパラメータ設定で作った確率モデルです。乱数の要素があるのでぴったり一致しませんが、それに近い結果が得られ、妥当な結果だとわかります。

それでは、その次にある **hdi_3%** と **hdi_97%** は何を意味しているのでしょうか。3% と 97% という値は、今回の summary 関数呼び出しで指定していない hdi_prob というパラメータと関係があります。hdi_prob のデフォルト値は 94% で、**データ全体の 100% から中央の 94% を抜きとると、両端の値が 3% と 97% になる**という関係です。

**hdi** は、**highest density interval** の頭文字をとったものです。似た概念として **信頼区間（CI：confidence interval）** がありますが、厳密にいうと異なります。違いの説明はやや複雑になるので、本章最後でコラムの形にしました。両者の違いを理解することは統計学において重要なので、数学が得意でない方もぜひお読みいただくことをお勧めします。

平均 0.0、標準偏差 1.0 の正規分布の場合、94% の hdi は理想的には下限値 -1.88、上限値 1.88 であることが知られています。今回の結果は、この理想的な状態と比較して多少ブレはあるものの、ほぼ等しい値で妥当な結果といえます。

コード 2.15 では、平均 3.0、標準偏差 2.0 のパラメータ値を持つ正規分布の確率モデルを PyMC で定義し、そのサンプリングを行い結果を分析するまでを一気に行っています。

コード 2.15　正規分布の確率モデル定義（mu=3.0, sigma=2.0）とサンプリング結果分析

```
1    # パラメータ設定
2    mu = 3.0
3    sigma = 2.0
4
5    model5 = pm.Model()
6    with model5:
7        # pm.Normal: 正規分布
8        # mu: 平均
9        # sigma: 標準偏差
10       x = pm.Normal('x', mu=mu, sigma=sigma)
```

```
11
12          # サンプリング
13          prior_samples5 = pm.sample_prior_predictive(random_seed=42)
14
15      # サンプル値抽出
16      x_samples5 = prior_samples5['prior']['x'].values
17      # 桁数が多いので先頭 100 個だけに限定
18      print(x_samples5[:,:100])
19
20      # サンプリング結果の可視化
21      ax = az.plot_dist(x_samples5)
22      ax.set_title(f' 正規分布  mu={mu} sigma={sigma}');
```

▷ 実行結果（テキスト）

```
 1    [[ 3.837   4.211   3.058   0.832   5.928   3.581   0.338   2.931   3.561   3.215
 2      -0.842   6.157   5.012   3.902   1.813   3.188   6.704   2.488   2.434   3.832
 3       0.822  -0.935   4.775   0.344   2.737   2.276   4.564   3.565   0.988   3.037
 4       0.514   8.207   3.303   1.969   2.561   3.805   5.723   4.486   4.874   3.351
 5       6.050   3.196   0.670   4.047   0.869   2.378   4.112   2.801   2.485  -0.179
 6      -0.630   4.072   5.543   1.892   6.449   2.376   3.127   5.764   4.169   1.980
 7       3.503   3.812   4.731   1.932   2.922   5.285   2.073   7.534   1.943   3.649
 8       2.691   1.361   0.594   3.191   0.277   3.555   3.613   0.192  -0.078   6.194
 9       5.537   1.511   0.242   2.254   3.450   1.406   2.620   3.810  -0.133   6.245
10       1.883   5.570   1.702   4.285   7.341   1.902   3.064   1.511   5.611   4.740]]
```

▷ 実行結果（グラフ）

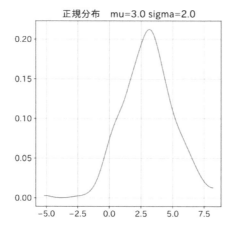

　今回も同じように、ヒストグラム表示結果と、統計分析結果を示します。今回はコードは省略し、結果のみを紙面に掲載します。

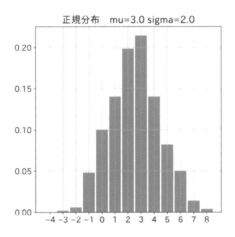

正規分布 mu=3.0 sigma=2.0

| | mean | sd | hdi_3% | hdi_97% |
|---|---|---|---|---|
| x | 3.018 | 1.927 | -0.180 | 6.801 |

　結果は mean=3.018、sd=1.927 でした。PyMC で確率モデルを生成したときのパラメータは平均3、標準偏差2だったので、ほぼ意図したとおりの統計値になっていることがわかります。

## 2.4　一様分布 (pm.Uniform クラス)

　一様分布も、連続分布の1つです。Python の標準関数 random.random() は、区間 [0, 1] の一様乱数を生成します。これと同じ振る舞いをするサンプル値を生成する確率分布が一様分布です。

### 2.4.1　対応する事象

　一様分布の乱数は、コンピュータにとってはなじみの深い乱数です。2.3節で紹介したように NumPy の np.random.randn は平均0、標準偏差1の正規分布に従う乱数を生成します。このように、コンピュータではさまざまな乱数を生成することができますが、どの場合もコンピュータ内部ではいったん区間 [0, 1] の一様分布の乱数を生成し、何らかの計算によって他の種類の乱数を生成していることが多いです。

　本節で一様分布を取り上げたのは、この分布が3章以降で取り上げる確率モデル定義時の事前分布として用いられることが多いからです。**確率値を確率変数とする確率分布**を考える場合に、どういう種類の確率分布であるのか、さらにその確率分布のパラメータに関する手がかりが事前に一切ないとします。この場合「**0から1までの値の可能性はすべて同等に確からしい**」とするのが1つの考え方です。この考え方を確率分布に当てはめると一様分布になります。

　自然界で確率変数が一様分布になる事象は、ほとんどありません。あえて作るとすると、次のよう

な思考実験に基づく確率変数でしょう。1 カ所だけ目盛が振ってあり自由に回転可能な円盤を回転させ、停止したときの目盛の位置を読み取ります（図 2.1）。

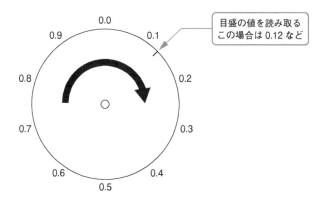

自由に回転する円盤

図 2.1 [0, 1] 間の一様分布に対応する自然界の確率変数イメージ

　真上の位置を 0.0、真下の位置を 0.5 として、回転と同じ向きに数値を対応させると、目盛の位置と区間 [0, 1] の実数が対応付くので、一様分布を作れることになります。

## 2.4.2 確率分布を示す数式

　一様分布は連続分布なので、確率分布は確率密度関数により示されます。区間 [a, b] の一様分布の確率密度関数は式 (2.4) になります。

$$f(x) = \frac{1}{b-a} \qquad a \le x < b \tag{2.4}$$

　確率変数値を $x$ としているのですが、関数定義の式に $x$ の値は含まれず定数関数となっています。式 (2.4) で示される分布の特殊なケースとして、よく利用される区間 [0, 1] の一様乱数があり、その場合の確率密度関数の数式は (2.5) になります。

$$f(x) = 1 \qquad 0 \le x < 1 \tag{2.5}$$

## 2.4.3 実装コード

　PyMC を使い一様分布の確率モデルを定義し、そのサンプル値を取得する実装コードを、コード 2.16、コード 2.17 で示します。

```
1    # パラメータ設定
2    lower = 0.0
3    upper = 1.0
4
5    model6 = pm.Model()
6    with model6:
7        # pm.Uniform: 一様分布
8        # lower: 下限値
9        # upper: 上限値
10       x = pm.Uniform('x', lower=lower, upper=upper)
```

　コード 2.16 の 10 行目で、PyMC における一様分布の実装クラスである pm.Uniform を呼び出しています。確率モデルの振る舞いを規定するパラメータは下限値 lower と上限値 upper です。コード 2.16 では下限値 0.0、上限値 1.0 の最もよく利用されるパターンをパラメータとして指定しています。

コード 2.17　一様分布のサンプリングと結果分析

```
1    with model6:
2        # サンプリング
3        prior_samples6 = pm.sample_prior_predictive(random_seed=42)
4
5    # サンプル値抽出
6    x_samples6 = prior_samples6['prior']['x'].values
7    print(x_samples6[:,:100])
8
9    # サンプリング結果の可視化
10   ax = az.plot_dist(x_samples6)
11   ax.set_title(f' 一様分布 lower={lower} upper={upper}');
```

▷ 実行結果（テキスト）

```
1    [[0.917 0.911 0.877 0.309 0.955 0.175 0.997 0.752 0.150 0.383 0.579 0.175
2      0.249 0.928 0.450 0.080 0.929 0.015 0.745 0.508 0.161 0.427 0.810 0.851
3      0.069 0.578 0.135 0.559 0.724 0.776 0.313 0.629 0.076 0.612 0.763 0.669
4      0.018 0.894 0.681 0.058 0.213 0.882 0.621 0.136 0.728 0.789 0.318 0.037
5      0.078 0.508 0.517 0.226 0.348 0.956 0.873 0.573 0.951 0.652 0.883 0.697
6      0.983 0.929 0.646 0.409 0.709 0.553 0.627 0.078 0.042 0.248 0.068 0.389
7      0.040 0.106 0.610 0.511 0.483 0.768 0.640 0.827 0.080 0.072 0.733 0.562
8      0.195 0.413 0.392 0.450 0.510 0.663 0.474 0.235 0.078 0.695 0.373 0.022
9      0.568 0.860 0.420 0.253]]
```

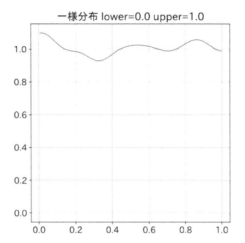

　実行結果のグラフから、サンプル値は 0.0 から 1.0 までの値が均等に出力されていることが確認でききました。

　コード 2.18 では、正規分布のときと同様に、plot_dist 関数に kind='hist' パラメータを追加し、ヒストグラム形式のグラフ表示にしています。

コード 2.18　サンプリング結果のヒストグラム表示

```
1    bins = np.arange(0.0,1.1,0.1)
2    ax = az.plot_dist(x_samples6, kind='hist',
3        hist_kwargs={'bins':bins})
4    ax.set_title(f' 一様分布 lower={lower} upper={upper}');
```

▷ 実行結果（グラフ）

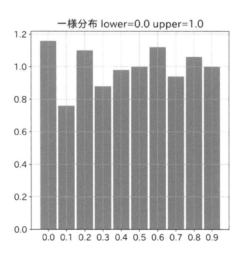

多少バラツキはあるものの、どの範囲にもほぼ均等にサンプルがあることがわかります。

コード 2.19 では、サンプリング結果の統計分析を行います。

コード 2.19　サンプリング結果の統計分析

```
1    summary6 = az.summary(prior_samples6, kind='stats')
2    display(summary6)
```

▷ 実行結果（表）

|   | mean | sd | hdi_3% | hdi_97% |
|---|------|-----|--------|---------|
| x | 0.502 | 0.289 | 0.037 | 0.956 |

　直感的にわかるとおり、区間 $[0, 1]$ の一様分布で、平均値は理論上 0.5 です。上の表の **mean** の値はそれに近い結果になっていました。細かい説明は略しますが、区間 $[0, 1]$ の一様分布の標準偏差は理論上 $1/2\sqrt{3} = 0.28867\ldots$ になります[注2]。こちらも、上の表の sd = 0.289 の結果と一致していることが確認できました。

　次に区間を $[0.1, 0.9]$ に変更して、同じ実験をします。今回は確率モデル定義からサンプリング結果分析まで一気に行います。実装はコード 2.20 です。

コード 2.20　一様分布の確率モデル定義 ( 下限値 0.1、上限値 0.9) とサンプリング結果分析

```
1    # パラメータ設定
2    lower = 0.1
3    upper = 0.9
4
5    model7 = pm.Model()
6    with model7:
7        # pm.Uniform: 一様分布
8        # lower: 下限値
9        # upper: 上限値
10       x = pm.Uniform('x', lower=lower, upper=upper)
11
12       # サンプリング
13       prior_samples7 = pm.sample_prior_predictive(random_seed=42)
14
15   # サンプル値抽出
16   x_samples7 = prior_samples7['prior']['x'].values
17   print(x_samples7[:,:100])
18
19   # サンプリング結果の可視化
20   ax = az.plot_dist(x_samples7)
21   ax.set_title(f' 一様分布 lower={lower} upper={upper}');
```

---

注 2　計算の概略のみを示します。まず関数 $f(x) = (x - 0.5)^2$ を区間 $[0, 1]$ で定積分します。結果は 1/12 になります。この値の平方根をとると上で示した値になります。

▷ 実行結果（テキスト）

```
1  [[0.833 0.829 0.801 0.347 0.864 0.240 0.897 0.702 0.220 0.407 0.563 0.240
2   0.299 0.842 0.460 0.164 0.843 0.112 0.696 0.507 0.229 0.442 0.748 0.781
3   0.156 0.563 0.208 0.547 0.679 0.721 0.350 0.603 0.161 0.590 0.710 0.635
4   0.114 0.815 0.645 0.147 0.271 0.806 0.597 0.209 0.683 0.731 0.354 0.130
5   0.162 0.507 0.514 0.281 0.378 0.865 0.798 0.558 0.861 0.622 0.806 0.657
6   0.887 0.843 0.616 0.427 0.667 0.542 0.602 0.163 0.133 0.299 0.154 0.411
7   0.132 0.184 0.588 0.509 0.487 0.715 0.612 0.762 0.164 0.157 0.687 0.550
8   0.256 0.431 0.413 0.460 0.508 0.630 0.479 0.288 0.163 0.656 0.398 0.118
9   0.555 0.788 0.436 0.303]]
```

▷ 実行結果（グラフ）

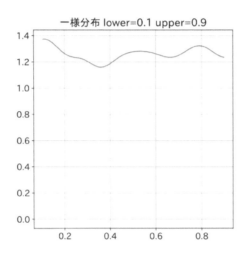

　サンプル値を見ると、前回含まれていた 0.0.. とか 0.9.. の値が一切なくなっていることがわかり、一様分布のパラメータ lower=0.1 と upper=0.9 が意図したとおりに機能していることがわかります。確率分布のグラフを見ると、高さが平均的に 1.25 程度になりました。元は幅 1 高さ 1 の正方形だった図形で、幅が 0.8=4/5 倍、高さが 1.25=5/4 倍であれば結果として面積は 1 で変わらない、ということで説明できます。

## 2.5 ベータ分布（pm.Beta クラス）

　ベータ分布も正規分布と同様に連続分布です。ただし、正規分布が実世界と対応がつきわかりやすかったのに対して、ベータ分布は統計学の知識が前提になり、わかりにくい部分があります。1 回読んでわからなかった読者はとりあえず気にせず読み進めてください。4 章の実習をした後で、改めて以下の説明を読み直すと、どんなことをいっているのかがわかるはずです。

## 2.5.1 対応する事象

ベータ分布には、「試験の得点分布」のような、実世界で直接対応がつくわかりやすい事例がありません。これが、ベータ分布がわかりにくい最大の理由です。

2.2 節で説明した二項分布の数式（確率質量関数）を改めて示します。

$$P(X = k) = {}_nC_k \cdot p^k (1-p)^{n-k} \tag{2.6}$$

問題をわかりやすくするため、$n = 5$, $k = 2$ の具体的ケースで考えてみると、式 (2.6) は次の式 (2.7) になります。

$$P(X = 2) = 10p^2(1-p)^3 \tag{2.7}$$

もともと式 (2.6) は「$k$ の関数」だったのですが、特定の $k$（今の例だと $k = 2$）の値に固定することにより「$p$ の関数」と見ることができます。

この「$p$ の関数」の意味は、「くじ引きを 5 回引いて 2 回当たりだった。このとき、くじに当たる確率が $p$ であることはどの程度確からしいか」という、$p$ を確率変数とする連続分布になるのです。厳密に式 (2.7) を確率密度関数とするためには、10 という定数部分を調整する必要がありますが[注3]。これが**ベータ分布**です。間接的な定義でわかりにくいのですが、**確率値を目的変数とした確率分布**ということになります。

## 2.5.2 確率分布を示す数式

まず、上の具体例を引き継いで、確率分布を示す式を作ってみると、次のようになります。

$$f(p) = C \cdot p^2(1-p)^3 \tag{2.8}$$

式 (2.8) の $C$ は上の数式が確率密度関数になるための調整すべき定数で、上の関数の 0 から 1 までの面積がちょうど 1 になるように決めます。具体的な $C$ の値はこの次に示します。今、くじに当たった回数を $s$、はずれた回数を $f$ とします。$\alpha = s + 1$, $\beta = f + 1$ で 2 つのパラメータ $\alpha, \beta$ を定めます[注4]。このとき、確率分布を示す式は以下の形になることが知られています。

$$f(p) = C \cdot p^{\alpha-1}(1-p)^{\beta-1} \tag{2.9}$$

$$C = \frac{(\alpha + \beta - 1)!}{(\alpha - 1)!(\beta - 1)!} \tag{2.10}$$

---

注3　この説明はとても難しい話なので、意味がわからない読者もいったんスルーしてもらって構いません。4 章の最後まで読み終えた後で、改めてこの話を考えるようにしてください。

注4　なぜ、当たった回数とはずれた回数そのものでなく、それに 1 を加えた数を分布関数のパラメータにするのかという疑問があると思います。この分布関数の平均値は $\alpha/(\alpha + \beta)$ となることが知られており、数学的性質は 1 を加えたほうがきれいに説明できるので、このような定義になっています。

式 (2.10) で！は階乗を意味する数学記号です。例えば 5!=5 × 4 × 3 × 2 × 1=120 となります。

細かい理屈はよいので、当たり 2 回、はずれ 3 回のケースで、上の分布関数 $f(p)$ のグラフを描画してみましょう。このケースでは $\alpha = 2 + 1 = 3,\ \beta = 3 + 1 = 4$ です。この 2 つの値を式 (2.10) に代入すると次の式 (2.11) になります。

$$C = \frac{6!}{2!3!} = 60 \tag{2.11}$$

さらに式 (2.11) の結果を式 (2.9) に代入すると、式 (2.12) が得られます。

$$f(p) = 60p^2(1-p)^3 \tag{2.12}$$

これが、今回想定している当たり 2 回、はずれ 3 回のケースにおけるベータ分布の確率密度関数です。正規分布のときと同様に、この確率密度関数はベータ関数とも呼ばれます。

ベータ関数のグラフを次のコード 2.21 で描画します。9 行目の gamma(n) 関数は、$n!$（階乗）を計算してくれる関数です。

コード 2.21　ベータ関数グラフの描画

```
1    from math import gamma
2
3    # パラメータ定義
4    alpha = 2.0 + 1.0
5    beta = 3.0 + 1.0
6
7    # ベータ関数の定義
8    def Beta(p, alpha, beta):
9        C = gamma(alpha+beta-1)/(gamma(alpha-1)*gamma(beta-1))
10       return C * p ** (alpha-1) * (1-p) ** (beta-1)
11
12   # グラフ描画用 x 座標の定義
13   # 0.0 < p < 1.0
14   p = np.arange(0.0, 1.0, 0.01)
15
16   # グラフ描画
17   plt.plot(p, Beta(p, alpha, beta))
18   plt.title(f' ベータ関数 alpha={alpha} beta={beta}')
19   plt.xlabel(r'$p$')
20   plt.ylabel('尤度');
```

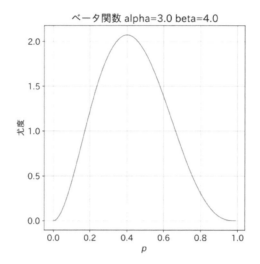

　このグラフで注目してほしいのは、グラフのピークが $p = 0.4$ にある点です。このグラフの縦軸は、くじに当たる確率 $p$ の確からしさ（尤度）を示しており、「**p=0.4 がもっとも確からしい確率値である**」ことをグラフは示していることになります。この結果は、「**くじに当たった回数 2 回、はずれた回数 3 回なので、くじに当たる確率は 2/5=0.4** ではないのか」という直感的な予想とあっている形になります。

### 2.5.3 実装コード

　今回も確率モデル定義コードと、確率モデルからサンプル値を取得するコードを示します。それぞれコード 2.22、コード 2.23 になります。

コード 2.22　ベータ分布の確率モデル定義（`alpha=3, beta=4`）

```
1    # パラメータ設定
2    alpha = 2.0 + 1.0
3    beta = 3.0 + 1.0
4
5    model8 = pm.Model()
6    with model8:
7        # pm.Beta: ベータ分布
8        # alpha: くじに当たった回数 +1
9        # beta: くじにはずれた回数 +1
10       p = pm.Beta('p', alpha=alpha, beta=beta)
```

コード 2.22 の 10 行目で、PyMC のベータ分布実装クラスである pm.Beta を呼び出しています。この確率モデルの振る舞いを決めるパラメータは alpha と beta です。それぞれの意味は、先ほど説明したとおりです。

コード 2.23 サンプリングと結果分析

```
1    with model8:
2        # サンプリング
3        prior_samples8 = pm.sample_prior_predictive(random_seed=42)
4
5    # サンプル値抽出
6    p_samples8 = prior_samples8['prior']['p'].values
7    # 桁数が多いので先頭 100 個だけに限定
8    print(p_samples8[:,:100])
9
10   # サンプリング結果の可視化
11   ax = az.plot_dist(p_samples8)
12   ax.set_title(f' ベータ分布  alpha={alpha} beta={beta}');
```

▷ 実行結果（テキスト）

```
1    [[0.478 0.778 0.745 0.639 0.689 0.182 0.314 0.431 0.472 0.491 0.764 0.209
2      0.659 0.398 0.361 0.357 0.478 0.359 0.413 0.690 0.768 0.479 0.237 0.154
3      0.286 0.583 0.231 0.492 0.248 0.549 0.377 0.435 0.635 0.457 0.690 0.563
4      0.237 0.724 0.540 0.141 0.489 0.594 0.480 0.218 0.316 0.736 0.246 0.087
5      0.447 0.532 0.362 0.203 0.189 0.300 0.219 0.576 0.309 0.381 0.670 0.196
6      0.284 0.351 0.386 0.691 0.549 0.536 0.440 0.412 0.501 0.808 0.528 0.360
7      0.485 0.374 0.588 0.266 0.662 0.469 0.620 0.299 0.840 0.284 0.672 0.734
8      0.324 0.326 0.516 0.221 0.721 0.675 0.265 0.177 0.445 0.313 0.302 0.199
9      0.483 0.575 0.528 0.389]]
```

▷ 実行結果（グラフ）

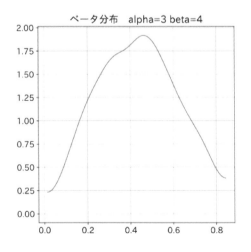

今回のサンプル値は、そのそれぞれが「確率値」です。具体的な値が 0 から 1 の範囲に収まっていることで、その点が確認できました。

　次にヒストグラム表示と統計情報表示を行ってみます。ヒストグラム表示の実装は、コード 2.24 です。

コード 2.24　サンプルデータのヒストグラム表示

```
1    bins = np.arange(0, 1.0, 0.1)
2    ax = az.plot_dist(p_samples8, kind='hist',
3        hist_kwargs={'bins':bins})
4    ax.set_title(f' ベータ分布  alpha={alpha} beta={beta}');
```

▷ 実行結果（グラフ）

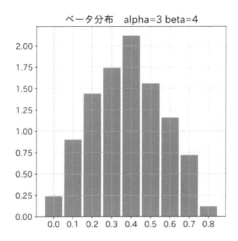

　コード 2.21 の確率密度関数グラフとコード 2.24 のサンプル値ヒストグラムを比較してください。前者はベータ関数の確率モデルとしての関数のグラフ、後者はその確率モデルから生成したサンプル値のヒストグラムです。この 2 つのグラフの形状がほぼ同じであることが確認できます。

　コード 2.25 でサンプリング結果の統計情報を表示します。

コード 2.25　サンプリング結果の統計情報表示

```
1    summary8 = az.summary(prior_samples8, kind='stats')
2    display(summary8)
```

▷ 実行結果（表）

|   | mean | sd | hdi_3% | hdi_97% |
|---|------|------|--------|---------|
| p | 0.433 | 0.181 | 0.120 | 0.760 |

44 ページの脚注 4 で説明したとおり、今回の条件（$\alpha = 3,\ \beta = 4$）でのベータ分布の平均値は理論上 $3/(3+4) = 3/7 = 0.4285\ldots$ となります。この結果が mean=0.433 という実行結果とほぼ一致していることがわかります。

コード 2.26 で alpha=21.0, beta=31.0 の場合にどうなるかを確認します。今度は確率モデル定義からサンプリング結果分析を一気に行います。

コード 2.26　確率モデル定義（alpha=21, beta=31）とサンプリング結果分析

```
 1    # パラメータ設定
 2    alpha = 20.0 + 1.0
 3    beta = 30.0 + 1.0
 4
 5    model9 = pm.Model()
 6    with model9:
 7        # pm.Beta: ベータ分布
 8        # alpha: 注目している試行の成功数 +1
 9        # beta: 注目している試行の失敗数 +1
10        p = pm.Beta('p',alpha=alpha,beta=beta)
11
12        # サンプリング
13        prior_samples9 = pm.sample_prior_predictive(random_seed=42)
14
15    # サンプル値抽出
16    p_samples9 = prior_samples9['prior']['p'].values
17    # 桁数が多いので先頭 100 個だけに限定
18    print(p_samples9[:,:100])
19
20    # サンプリング結果の可視化
21    ax = az.plot_dist(p_samples9)
22    ax.set_title(f' ベータ分布  alpha={alpha} beta={beta}');
```

▷ 実行結果（テキスト）

```
1    [[0.423 0.540 0.509 0.482 0.510 0.310 0.363 0.403 0.420 0.432 0.535 0.324
2      0.474 0.396 0.381 0.379 0.421 0.381 0.398 0.491 0.533 0.423 0.341 0.287
3      0.351 0.461 0.329 0.422 0.344 0.452 0.387 0.408 0.476 0.415 0.495 0.454
4      0.336 0.523 0.446 0.281 0.428 0.456 0.424 0.586 0.494 0.371 0.380 0.493
5      0.458 0.428 0.412 0.369 0.567 0.509 0.453 0.324 0.472 0.396 0.354 0.427
6      0.526 0.432 0.429 0.336 0.380 0.355 0.413 0.365 0.273 0.421 0.317 0.348
7      0.422 0.469 0.386 0.338 0.484 0.315 0.354 0.396 0.411 0.242 0.428 0.345
8      0.387 0.339 0.445 0.424 0.328 0.295 0.425 0.519 0.465 0.323 0.463 0.476
9      0.457 0.368 0.298 0.413]]
```

▷ 実行結果（グラフ）

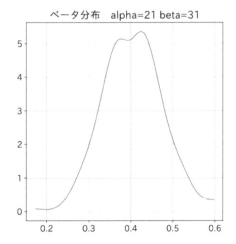

　この結果を元の事象に即して解釈すると、「くじ引きを 50 回引いたところ当たりが 20 回だった。このとき、元のくじ引きの当たりの確率 $p$ はどのような値の可能性があるか」となります。上のグラフを、「くじ引きを 5 回引いたところ当たりが 2 回だった」に対応したコード 2.23 のベータ分布のグラフと比較すると、$p$ の値が **0.3 から 0.5 の間である確度がより高まっている**ことがわかります。この話は、3 章と 4 章で深掘りして調べていくことになります。

### 2.5.4 ベータ分布と一様分布の関係

　最後にベータ分布と一様分布の関係について説明します。

$$f(p) = C \cdot p^{\alpha-1}(1-p)^{\beta-1} \tag{2.13}$$

というベータ分布の式で $\alpha = 1,\ \beta = 1$ の特殊なケースを考えてみます。すると $f(p)$ が定数になることがわかります。これは、「**1 回も試行をしていない特殊な二項分布に対応した確率値の確率分布は一様分布である**」ことを意味しています。言い換えると、**ベータ分布の特殊なケースが一様分布で**あるということです。

## 2.6 　半正規分布（pm.HalfNormal クラス）

### 2.6.1 対応する事象

　例えば、正規分布で標準偏差の値を確率変数で表現することを考えます。 標準偏差の値は負の値をとりません。そこで事前分布に対しても「**正の値のみをとる**」という条件を満たす確率分布の確率変数

が望ましいことになります。**半正規分布**は、まさにこのような制約を満たす確率変数を定義する際によく用いられます。半正規分布は、ベイズ推論で確率モデルを構築するにあたって**事前分布として便宜上用いられる確率分布**ということができます。そのため実世界との対応づけは意識しなくていいです。このような性質を持つ確率分布は他にもあるのですが、本書では、わかりやすさを重視して、正規分布の標準偏差の事前分布としては、すべて半正規分布を利用する形としました。

## 2.6.2 確率分布を示す数式

半分に切り取る前の正規分布は、$y$軸に関する対称性を保つために平均 $\mu = 0$ の制約がつきます。そのため、確率分布の数式におけるパラメータは標準偏差 $\sigma$ の値のみとなります。以上の点を考慮した確率分布を示す数式（確率密度関数）は次のとおりです[注5]。

$$f(x) = \sqrt{\frac{2}{\pi\sigma^2}} \exp\left(-\frac{x^2}{2\sigma^2}\right) \tag{2.14}$$

## 2.6.3 実装コード

半正規分布の確率モデル定義の実装をコード 2.27 に示します。

コード 2.27　半正規分布の確率モデル定義

```
1    # パラメータ設定
2    sigma = 1.0
3
4    model10 = pm.Model()
5    with model10:
6        # pm.HalfNormal: 半正規分布
7        # sigma: 標準偏差
8        x = pm.HalfNormal('x', sigma=sigma)
```

確率モデルの特性を示すパラメータは sigma の1つだけです。その理由は上で説明しました。サンプリングと、結果分析の実装はコード 2.28 に示します。

コード 2.28　サンプリングと結果分析

```
1    with model10:
2        # サンプリング
3        prior_samples10 = pm.sample_prior_predictive(random_seed=42)
4
5    # サンプル値抽出
6    x_samples10 = prior_samples10['prior']['x'].values
7    # 桁数が多いので先頭 100 個だけに限定
```

注5　式 (2.14) を式 (2.3) と比べると、ルートの中の「2」が分母から分子に移動しています。これは、x として負の値をとらないため、全体の面積が半分になったことを補正したことによります。

```
 8    print(x_samples10[:,:100])
 9
10    # サンプリング結果の可視化
11    ax = az.plot_dist(x_samples10)
12    ax.set_title(f' 半正規分布  sigma={sigma}');
```

▷ 実行結果（テキスト）

```
1   [[0.418 0.606 0.029 1.084 1.464 0.291 1.331 0.035 0.280 0.107 1.921 1.579
2     1.006 0.451 0.593 0.094 1.852 0.256 0.283 0.416 1.089 1.967 0.887 1.328
3     0.132 0.362 0.782 0.283 1.006 0.019 1.243 2.603 0.151 0.516 0.220 0.402
4     1.361 0.743 0.937 0.175 1.525 0.098 1.165 0.524 1.066 0.311 0.556 0.100
5     0.258 1.590 1.815 0.536 1.271 0.554 1.724 0.312 0.063 1.382 0.585 0.510
6     0.251 0.406 0.866 0.534 0.039 1.143 0.464 2.267 0.529 0.325 0.154 0.820
7     1.203 0.095 1.362 0.277 0.307 1.404 1.539 1.597 1.268 0.744 1.379 0.373
8     0.225 0.797 0.190 0.405 1.567 1.622 0.559 1.285 0.649 0.642 2.170 0.549
9     0.032 0.744 1.306 0.870]]
```

▷ 実行結果（グラフ）

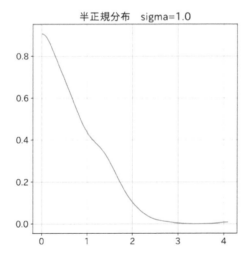

サンプル値がすべて正の値になっていることがわかります。この性質から、正規分布モデルの標準偏差用のパラメータとして利用可能になるのです。最後の確率分布のグラフにも注目してください。正規分布（Normal）の正の領域の片側だけを取り出した形の確率分布であることがわかります。

### Column

## HDI と CI の違い

**HDI（highest density interval）** とそれに似た概念である **CI（confidence interval）** が何かを一言でいうと、得られたサンプルデータを値の大きさ順に並べ替え、**中心部分と周辺の部分を区別した際、中心部分の領域**ということができます。2 つの概念の違いは、**何をもって中心部分とするのか、その定義の違い**ということになります。

統計学では信頼区間（CI）のほうがよく用いられるので、CI から説明します。図 2.2 を見てください。

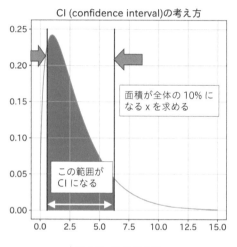

図 2.2　CI の考え方

このグラフは、ある確率分布の確率密度関数のグラフと考えてください[注6]。説明をわかりやすくするため「80% 信頼区間」を考えることにします。このことは、上の確率密度関数のグラフで、右端と左端の両方からそれぞれ面積が全体の 10% になる $x$ を求めることと同じになります。この例ではあえて左右がアンバランスな確率密度関数を取り上げました。この状態で 80% 信頼区間の座標値を求めると、左の $x$ は最頻値に極めて近く、違和感があるのが理解できると思います。

それでは、HDI（highest density interval）はどのような考え方なのでしょうか。図 2.3 を見てください。

---

注 6　具体的には「カイ 2 乗分布」と呼ばれる分布の確率密度関数になります。

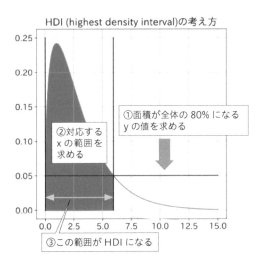

図 2.3　HDI の考え方

step1、step2 に分けて考えます。

step1 は $y$ の値を定めるステップです。確率密度関数のグラフと直線 $y = k$ の交点を求め、できた交点の $x$ 座標が $x_1$ と $x_2$ だとすると、$x = x_1$ と $x = x_2$ という直線を引きます。そして 2 つの直線に挟まれた部分の面積が確率密度関数グラフ全体の面積の何 % であるかを計算します。$k$ の値を変化させると囲まれた面積の比率も変化します。例えば、図 2.3 で $y = 0.20$ の直線であれば、面積の比率は 50% 以下です。$y = 0.05$ の直線なら 50% 以上の比率になりそうです。直線 $y = k$ の $k$ の値を調整して、ちょうど比率が 80% になる場所を見つけます。これが step1 でやることの内容です。

step2 では、こうして求まった直線 $y = k$ の $k$ の値に対応する $x$ の範囲を求めます。このときできた $x$ の範囲が HDI になります。CI の場合、区間はグラフの $x$ 軸に関する両端から狭めていくので、求められる区間は必ず 1 つにつながっています。これに対して HDI の場合、確率密度関数のピークが 2 カ所にあるとき、求められる区間が 2 つ以上に分かれる場合があります。

このコラムで取り上げたように確率密度関数のグラフが左右非対称な場合、CI と HDI では結果が異なります。逆に理想的な正規分布の場合は、確率密度関数のグラフが左右対称であり、CI と HDI は同じ結果になります。

CI と HDI は、確率密度関数のグラフで見たときに、「全体に対する面積比率が $r$% となる $x$ 座標の範囲」という点は同じなのですが、アルゴリズムが異なるため、結果も違ってくる場合があります。今回の例で見ていただいたとおり、HDI のほうが妥当な結果であることが直感的に想像できます。ArviZ は標準的に HDI を採用していることもあり、本書では一貫して「HDI による $x$ 座標の範囲」の考え方を用いることとします。

# 第3章 ベイズ推論とは

　1章、2章を通じて確率分布が何なのかを理解した読者は、本書の目的である「ベイズ推論」について理解できる状態になっています。

　ベイズ推論とは何か、簡潔に定義すると、以下のようになります。

---

1. ベイズ推論とは、統計的分析の一手法。
2. 事前分布と観測された事象から、それの起因である原因事象を確率的に推論する（事後分布を求める）

---

　まず、統計的分析の一種であるという点です。統計的分析にはいくつかの手法があり、その中の一手法であるということです。もう1つの代表的な手法をあげると、最尤推定という手法があります。そこで本章では、ベイズ推論が適用可能な非常にシンプルな問題設定を取り上げ、この問題設定を最尤推定とベイズ推論で解くとどのような結果になるのか、2つの手法を比較することにしました。こうすることで、ベイズ推論の考え方の特徴が理解しやすくなります。

　2つ目の「事前分布と観測された事象から原因事象を確率的に推論する」という話は抽象的で具体例なしで理解するのは難しいです。3章の概念説明と4章の実習を経験した後であれば、何をいっているのかが理解しやすいので、3章、4章まで読み終えた後で、改めて振り返るようにしてください。

## 3.1　ベイズ推論利用の目的

　「なぜベイズ推論を利用するのか」の問いに対する答えを考える場合、もう1つの有力な推論手法である最尤推定と対比させるとわかりやすいです。どちらの手法も確率分布のパラメータ値を推測するという目的は同じです。しかし、その目的を**実現するための手段と最終的に得られる結果が異なります**。

　**最尤推定**では、事前に**パラメータに関する尤度関数が定まっている**ことが前提です。図3.1の例では、**確率モデルと観測値から尤度関数を定めています**。最尤推定では、この前提のうえで、尤度関数の値

が最大になるパラメータ値を求めます。具体的には勾配降下法<sup>注1</sup>などが用いられることになります。**最も確からしい特定のパラメータ値（点）を求めること**が目的になります。

　これに対して**ベイズ推論**では、特定のパラメータ値でなく、**パラメータ値の確率分布を求めることが目的**です。確率分布で推論できた場合、この結果に**確からしさの基準（94% HDI など）を設定**することで、「予測値は 0.29 から 0.55 までの範囲に含まれる」という**幅による予測が可能**です<sup>注2</sup>。

　2 つの手法の違いを、図 3.1 と図 3.2 に示します。

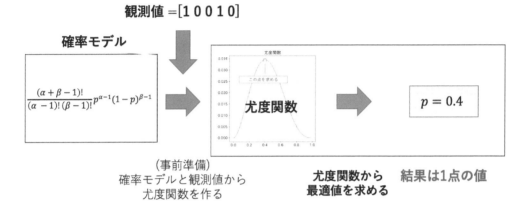

図 3.1　最尤推定の流れ

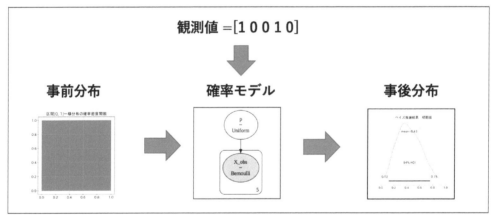

図 3.2　ベイズ推論の流れ

---

注1　ディープラーニングなどの機械学習で、最適なパラメータ値を求めるために用いられる繰り返し計算アルゴリズムの 1 つです。
注2　今回の例は、二項分布という単純な確率分布を題材としているため、事前分布としてベータ分布を選択すれば、事後分布が解析的に計算可能です。つまり、ここではサンプリングを使わずに手計算で HDI による分析を行うアプローチも可能です。通常は、尤度関数はもっと複雑な関数であり、そのため今回の例のように事後分布を解析的に得ることはできません。これに対してサンプリングを用いた場合は、どんなに尤度関数や事前分布が複雑であっても、それを確率モデルとして記述すれば、厳密ではないにせよ事後分布の性質をサンプルによって探ることができます。

確率分布の予測とは、着目している事象がある確率分布に従うことを前提とした上で、その確率分布の特性を規定するパラメータ値を予測することです。このとき、特定の値の予測をしたところで現実世界で予測がぴったり一致することはあり得ません。そうだとするなら「**幅による予測**」をしたほうが現実世界では**より活用できる可能性が高い**のです。

　具体的な例として、ある無料キャンペーンの DM を 1 万人に打ったとき、何人の応募があるかを予測したいとします。対象の応募に備えあらかじめ商品を準備しておく必要があるため、応募数を正確に予測することはビジネスに直結する重要なタスクです。観測値として利用できる情報は、人数を絞って実施したモニターテストの結果です。分析の結果得られた**反応率**と、対象人数の 1 万人のかけ算をすると、**期待値**として応募人数の予想ができることになります。最尤推定による予測をした場合、「**もっとも確からしい人数は 4000 人**」という**点による予測値**が得られるだけです。これに対して、同じ問題にベイズ推論を適用すると、「**94% HDI だと応募者は 2900 人から 5500 人の範囲**」というような結果が得られます。

　あなたがこのキャンペーンの担当者であると想像してみてください。より確実にすべての応募に応えるため、余裕を持って 5500 個の商品を準備しておくのか、無駄な商品在庫の可能性を減らすため、多少のリスクがあっても商品の準備を 5000 個に抑えておくのか。ここは、まさに正解のない、ビジネス上の判断の世界です。どんな分析手法を用いても異論のないぴったりな解を提示してくれるわけではないです。しかし、最尤推定により特定値を予測するより、予測値の幅を持ったベイズ推論で予測したほうが、判断をするために参考となる情報量が多い点は間違いのないことです。まとめると、**不確かな予測したい案件**に対して、**現実のビジネス判断をする上で有益な情報を提供可能な分析手段がベイズ推論である**ということになります。

## 3.2 問題設定

次のような問題を考えます。

> 　常に確率が一定で、前回の結果が次回に一切影響しないくじ引きがあります。ある人がこのくじ引きを 5 回引いたところ、結果は「当たり、はずれ、はずれ、当たり、はずれ」でした。1 回のくじ引きに当たる確率を $p$ とするとき、この $p$ の値を求めなさい。

　一見すると簡単そうな問題です。答えも直感的に

$$p = \frac{(成功回数)}{(試行回数)} = \frac{2}{5} = 0.4$$

でないかと想像されます。

　しかし、この簡単そうな問題も実は奥が深いのです。本章および次章では、一見簡単そうな問題について、ベイズ推論により深く調べていくこととします。

PyMC を使った実習はまったく同じストーリーで 4 章にて行います。本章では、どのような考え方で問題を解くのか、その点に注力して読み進めてください。

## 3.3 最尤推定による解法

それでは、実際に最尤推定による解き方を追いかけてみましょう。

くじに当たる確率を $p$ とします。このとき、結果が「当たり、はずれ、はずれ、当たり、はずれ」になる確率を $p$ で表すことを考えます。ほぼ同じ話は 2.2 節で一度やっていますが、改めて丁寧に説明します。確率変数 $X_k$ $(k = 1, 2, 3, 4, 5)$ を、1 回ごとにくじを引く試行（2.1 節で説明したベルヌーイ試行）の結果とします。確率変数値は当たりのときが 1、はずれのときは 0 とします。ベルヌーイ試行は当たりかはずれかのどちらかなので、当たりの確率が $p$ ならはずれの確率は $1 - p$ です。それぞれの試行における結果を表の形で整理すると、表 3.1 のようになります。

表 3.1　5 回のベルヌーイ試行結果と確率値

| 試行 ($k$) | 1 | 2 | 3 | 4 | 5 |
|---|---|---|---|---|---|
| 試行結果 ($X_k$) | 1 | 0 | 0 | 1 | 0 |
| 確率値 ($P(X = X_k)$) | $p$ | $1 - p$ | $1 - p$ | $p$ | $1 - p$ |

確率の世界では、2 つの試行 X と Y の結果が互いに影響を与えないとき、式 (3.1) が成り立つことがわかっています[注3]。

$$P(X \cap Y) = P(X) P(Y) \tag{3.1}$$

式 (3.1) は、「事象 X と事象 Y が同時に起きる確率は、事象 X が起きる確率と事象 Y が起きる確率をかけた結果に等しい」ことを意味します。式 (3.1) を繰り返し使うことにより

( 5 回の試行結果が [ 当たり、はずれ、はずれ、当たり、はずれ ] になる確率 )

$= P(X_1 = 1 \cap X_2 = 0 \cap X_3 = 0 \cap X_4 = 1 \cap X_5 = 0)$

$= P(X_1 = 1) \cdot P(X_2 = 0) \cdot P(X_3 = 0) \cdot P(X_4 = 1) \cdot P(X_5 = 0)$

$= p \cdot (1 - p) \cdot (1 - p) \cdot p \cdot (1 - p) = p^2 (1 - p)^3$

となります。これを確率値 $p$ の関数と見ると、式 (3.2) で定義できます。

$$f(p) = p^2 (1 - p)^3 \tag{3.2}$$

式 (3.2) で示される関数は統計学の用語で**尤度関数**と呼びます。とても重要な用語なので覚えるようにしてください。式 (3.2) の尤度関数のグラフは図 3.3 になります。

---

注3　∩ は「かつ」を意味する集合演算の記号です。

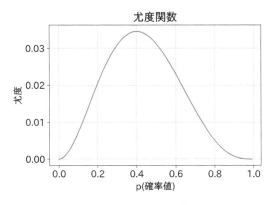

図 3.3　尤度関数のグラフ

　この関数が最大値をとるときの $p$ の値は解析的（数式としての計算）にも求めることができますが、4 章の実習では勾配降下法という繰り返し計算の手法を用いて数値的に解きます。

　繰り返し処理過程のグラフは図 3.4 になります。

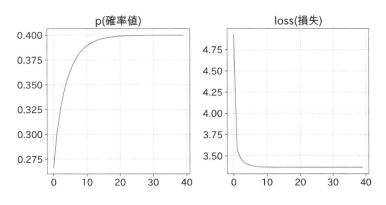

図 3.4　勾配降下法の処理過程

　結論として $p = 0.4$ が得られました。3.2 節の冒頭で説明した、「直感的に計算可能な方法」と答えが一致したわけです。それでは、同じ問題をベイズ推論で取り組むとどうなるか、3.4 節で見ていきましょう。

## 3.4　ベイズ推論による解法

　今回検討している問題を、**ベイズ推論**による解法で解く場合どんな進め方になるか、概要を説明します。3.1 節で示した最尤推定の流れ（図 3.1）とベイズ推論の流れ（図 3.2）を見比べてください。当たり前ですが、どちらのケースも共通して観測値「１００１０」を入力として使っています。結果についてですが、最尤推定では１つの予測値だけが出てきます。ベイズ推論は確率分布が出てきます。

この違いも、概念的に理解できたと思います。違いということでいうと、今まで説明していなかった、もう1つ大きな違いがあります。それは、**ベイズ推論は、事前分布が入力として必要**ということです。

## 3.4.1 事前分布の検討

　**事前分布**はある意味やっかいな概念です。昔ベイズ理論を推進していた学者の一部は、**事前分布は主観による確率分布**であると主張していました。**主観が含まれる理論は学問ではない**とする反対派の学者がいて、長年不毛な議論が続いていたのです。本書は、このやっかいな議論には関わらない立ち位置とします。

　では、事前分布とは何なのか。最尤推定の解法の1つである勾配降下法は繰り返し計算による解法で、求めたいパラメータに初期値が設定されます。著者の意見として、ベイズ推論における事前分布とは、勾配降下法のパラメータ初期値と同じで、事後分布を求めるに当たっての**初期確率分布**と考えます。確率モデルが適切なものであれば、少ない観測値で効率よく予測や分析が行えます。また、事前分布の設定が実態からはずれている場合でも、多くの観測値を入手できれば、事前分布の設定によらず最終的に得られる事後分布は一致していきます。

　それでは、今回取り組む問題に関して、くじ引きが当たる確率 $p$ に対してベイズ推論を適用する場合、事前分布としてどういう確率分布を用いればいいでしょうか。現時点で確率値 $p$ に対してわかることは、次の2つになります。

1. 値の範囲について：確率とは0以上1以下の値です。なので、$p$ に対して $0 \leq p \leq 1$ **が成り立つことが確実に**いえます。
2. 値の分布について：現段階で何も情報がありません。100回に1回程度しか当たらないくじ引きなのか、2回に1回は確実に当たるくじ引きなのか、事前の手がかりがまったくないのです。このような場合の考え方の1つとして「確率値のもっともらしさは確率値 $p$ によらず均等である」というものがあります。

　この2つの条件を満たす確率分布は何でしょうか。2.4節で説明した一様分布の中でも、値の範囲が0から1のものがちょうど上の2つの条件を満たしています。そこで、この**一様分布を事前分布として採用**することにします。

## 3.4.2 確率モデル定義

　事前分布が定まったので、次に確率モデル全体の構造を考えます。具体的なタスク名は**確率モデル定義**です。今回の確率モデル定義で中心的な役割を果たすのは、「一定の確率値 $p$ で試行ごとに1（成功）か0（失敗）かの値を返す確率変数」[注4]であり、これは2.1節で説明した**ベルヌーイ分布**が該当します。

---

注4　先ほどまで議論していた「確率値 $p$」の確率分布とは異なる「1か0の値をとる確率分布」の話をしています。**まったく別の確率分布が確率変数 $p$ を通じて関係を持つ**というのが、この話の中で最も重要な点です。

ベルヌーイ分布は、**確率値 $p$ というパラメータ**を持ちますが、このパラメータ $p$ が上で説明した事前分布としての一様分布により定まるという関係性を持ちます。さらにこの**ベルヌーイ分布の観測値として[10010]が得られた**という関係性もあります。以上の話を、図 3.5 でまとめます。

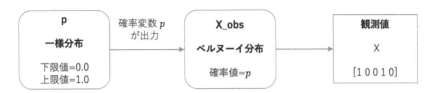

図 3.5　確率モデルの構造

　図 3.5 で 1 つ補足する話があります。今回の例の場合、ベルヌーイ分布で示される確率変数は X で表されます。Python のプログラミング上は、観測値としての X と、ベルヌーイ分布で表される確率変数を示す変数を区別して表現する必要があります。本書の実習では、チュートリアルの表記法にならって、後者の変数名を X_obs で示すことにします。

　4 章では今まで議論した確率モデル定義を実際に PyMC で実装します。4 章の確率モデル定義のプログラムは、図 3.5 を表現しているという点が理解できれば、PyMC プログラミングの一番本質的な部分はほぼ押さえられたことになります。4 章で詳しく説明しますが、上の確率モデル定義の関係性は、PyMC 向けのツールでも可視化できます。今回の確率モデル定義をこのツールで可視化した結果を図 3.6 として示します。

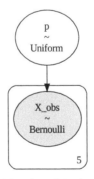

図 3.6　確率モデル定義を可視化した結果

### 3.4.3 サンプリング

　確率モデル定義が終わると、次のステップは**サンプリング**です。ここでやっていることのイメージとしては、**事前分布**と**観測値**の条件を満たしつつ、もっともらしい確率変数値のセットをひたすらサイコロを振って求めることです。機械学習において、学習そのものは **fit 関数** 1 行で実装できてしまうのに似ていて、ベイズ推論でも確率モデル定義までできてしまえば、サンプリングそのものは **sample 関数** 1 行で簡単に実装できます。sample 関数呼び出しのときには、重要なパラメータがいく

つかあるのですが、実装に近い話なので、4章でまとめて説明することにします。

### 3.4.4 結果分析

結果分析で実施することは、大きく

1. サンプリングが正常にできていることの確認
2. 可視化による確率分布の確認
3. 統計分析による確率分布の確認

の3つです。このうち、最初の「サンプリングが正常にできていることの確認」は、実装に近い話なので4章で説明します。残りの2つに関して、今回取り上げている問題を例にとり、それぞれの結果を以下に示します。

■可視化による確率分布の確認
　サンプリングが意図したとおりにできていることが確認できたら、サンプリング結果を利用して、可視化や統計処理により分析をします。よく使われる方法が可視化による確認です。可視化目的の関数はいくつかありますが、最もよく利用されるのは ArviZ の plot_posterior 関数です。その利用結果を図 3.7 で示します。

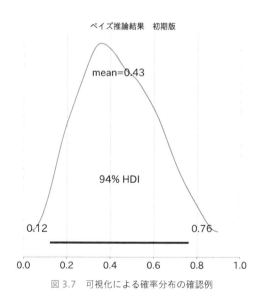

図 3.7　可視化による確率分布の確認例

　このグラフは、調べたい確率変数（この例であれば確率値 $p$）の確率分布を示しているものです。観測値としては5回中2回成功、つまり率にして 0.4 なのに、なぜ平均値が 0.43 になった

かですが、直感的には、観測値による 0.4 という比率と、事前分布として想定した一様分布（平均値は 0.5）の中間の値になったと説明できます。4 章の実習で説明しますが、実はこの確率分布は理論上は $\alpha = 3,\ \beta = 4$ のベータ分布であることがわかっています。ベータ分布の平均値は $\alpha/(\alpha + \beta) = 3/7 = 0.4285714\ldots$ であり、この理論値とも近い妥当な値であることもわかります。

もう 1 つ、`plot_posterior` 関数の結果で注目すべきことは、「**94% HDI**」という形で **94% の確度で確率変数 $p$ がどの範囲に収まるか**が示されている点です[注5]。この場合 $0.12 \leq p \leq 0.76$ というのがその結果です。

事前情報がまったくないくじ引きに対して **5 回試行しただけで確率が 0.4 程度と決めるのは時期尚早**で、20 回で 19 回当たる確率（95%）が必要なら、これぐらい広い幅で見ないといけないというのが、今回の観測値に対するベイズ推論としての結論ということになります。

### 統計分析による確率分布の確認

サンプリング結果を利用したもう 1 つの分析方法が、統計分析の結果を通じた確認です。ベイズ推論では ArviZ の `summary` 関数がこの目的でよく利用されます。表 3.2 に今回の場合の結果を示します。

表 3.2　`summary` 関数の結果

|   | mean | sd | hdi_3% | hdi_97% | mcse_mean | mcse_sd | ess_bulk | ess_tail | r_hat |
|---|---|---|---|---|---|---|---|---|---|
| p | 0.434 | 0.177 | 0.123 | 0.761 | 0.006 | 0.004 | 873.000 | 1315.000 | 1.000 |

表 3.2 の項目のうち、mean から hdi_97% までについては、2 章まですでに説明しました。結果分析で利用するのはこの 4 項目になります。mcse_mean 以下の残りの項目は、ベイズ推論が正常にできているかどうかを確認するためのものです。具体的な内容は 4.5 節で説明します。

## 3.5　ベイズ推論の精度を上げる方法

3.4 節の説明によりベイズ推論でどんなことができるのか、そして PyMC を使ってベイズ推論を実施するには、どんなことをすればいいのかの大まかなイメージを持つことはできたかと思います。本節では、ベイズ推論でより精度の高い推論を行うにはどうしたらいいのかを説明します。

### 3.5.1　観測値を増やす

ベイズ推論では、確率モデル構築が適切である場合、より多くの観測値を用いると、より精度が向上することが期待できます。今まで分析を加えてきたくじ引き問題で、当たりの比率は 0.4 に保ったまま、試行回数 5 回の結果を試行回数 50 回（成功回数は 20 回）の結果と比較したのが図 3.8 になります。

---

注5　HDI のより詳細な定義は 2 章のコラムで説明したので、そちらを参照してください。

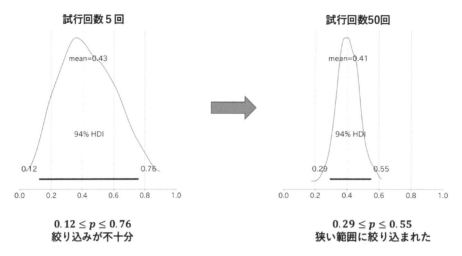

図 3.8　試行回数を 10 倍にした場合の確率分布と比較

　左の試行回数 5 回の場合、94% HDI の範囲が $0.12 \leq p \leq 0.76$ でした。それが右の試行回数 50 回の場合では、$0.29 \leq p \leq 0.55$ とより狭い範囲に絞り込まれています。「確率モデル構築が適切である場合、試行回数を増やし観測値の数を増やすと、より精度の高い推論が期待できる」という直感的な話に対応する結果が得られていることがわかります。

## 3.5.2 事前分布を工夫する

　今回のくじ引きの問題でぴったりはまる事前分布の例を出すのは難しいですが、例えば何らかの理由でくじの当たる確率が 10% 未満や 90% より大きいことがないものとします。5 回の試行回数ケースで、事前分布をこの形に差し替えた場合、推論結果の確率分布がどう変わるかを図 3.9 で示します。

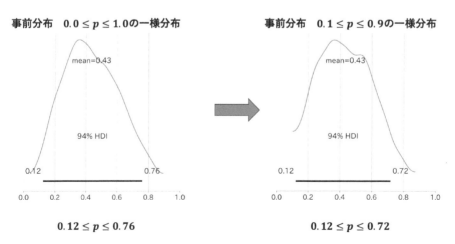

図 3.9　事前分布を変更した場合の事後分布の変化

2 つのグラフを見比べると、それほど劇的な変化はないものの、事前分布 $0.1 \leq p \leq 0.9$ のほうが 94% HDI の範囲が限定されたものとなり、より確実な予測ができていることがわかります。

## 3.6 ベイズ推論の活用例

以下に、本書の 6 章で紹介しているベイズ推論活用例の抜粋を紹介します。本章で説明したベイズ推論の特徴がどのような形で活用されるのか、これらの事例を通じてイメージを持つようにしてください。

### 3.6.1 AB テストの効果検証

鈴木さんと山田さんは、それぞれ自分の担当している **Web ページの改善案の効果があるかどうか**を、AB テスト[注6] で検証しました。表面的なクリック率の比較では、鈴木さんのほうが改善効果が高そうなのですが、鈴木さんはサンプル数が少ないです。実際のところはどちらがより有効なのか。ベイズ推論は、このような場面で活躍します。「**(B の 成功確率) - (A の成功確率)**」という新しい確率**変数**を導入し、この確率変数の分布を調べることで**上の問いに客観的に答える**ことができます。6.1節の実習ではこの検証を実際に行いました。図 3.10 にその結果を示します。

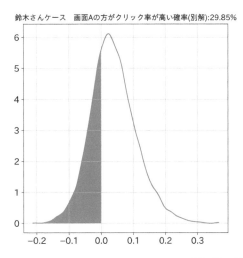
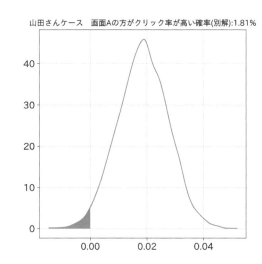

図 3.10 AB テストの評価結果

鈴木さんの場合、A のほうが成功率が高い可能性がまだまだ存在し、もう少しサンプル数を増やさないとはっきりしたことはいえないことがわかりました。一方で、山田さんはほぼ確実に改善効果がありそうという結論になりました。

---

注6 顧客に対して A という画面と B という画面をランダムに提示し、反応率の違いを調べて効果検証を行う手法です。Web ページの改善手法としてよく用いられます。

### 3.6.2 ベイズ回帰モデルによる効果検証

　機械学習モデルの中で、線形回帰モデルは、精度の観点で最適でなくても、構造が単純で変化やノイズに強いことからよく用いられます。予測値そのものを目的とするのでなく、**各説明変数の寄与度を調べてそれを施策に活用するパターン**が特に多いです。ベイズ推論でも線形回帰モデルを作ることができるのですが、ベイズ推論はこのような活用パターンとぴったりマッチします。

　6.2 節では、実データを用いて、このテーマの実習を取り上げました。実習で用いたデータはPyMC のチュートリアルに含まれているもので、**難聴の子供の音声言語スキルの発達が、性別・家庭環境などの要因とどのような関係にあるのか**を示したものです（図 3.11）。

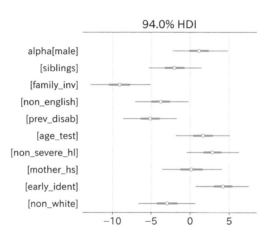

図 3.11　線形回帰モデルへのベイズ推論の適用例

　それぞれの項目では、94% HDI に基づいて線形回帰の係数がどの範囲にありうるかを示しています。最尤推定では、それぞれの項目の寄与度は点でしか示されません。これに対して、**ベイズ推論を用いることで確率分布による幅を持った形で示される**のが特徴です。線の範囲が $x = 0$ の直線をまたいでいない説明変数は、**目的変数に対してポジティブ、ネガティブいずれかの寄与が明確**なものとなります。[family_inv] がネガティブ、[early_ident] がポジティブな寄与をしていることがわかります。線形回帰にベイズ推論を用いるのに際してわかりやすい適用事例となっています。

### 3.6.3 IRT (Item Response Theory) によるテスト結果評価

　ベイズ推論の特徴の 1 つは、「**観測値の性質を説明できる数学モデルがあれば、そのモデルに基づいたベイズモデルを構築し推論を実施できる**」ことにあります。

　6.3 節では、その一例として**項目反応理論 (IRT : Item Response Theory)** と呼ばれるテスト評価の手法をベイズ推論に適用した事例を示します。

　図 3.12 は、この理論の数学モデルをベイズモデルとして定義した例になります。

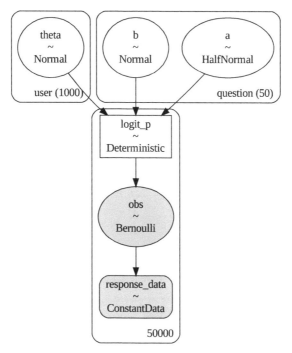

図 3.12　ベイズ推論モデル可視化結果

　IRT では、**受験者の能力は「能力値」と呼ばれる受験者ごとのパラメータ値で規定**されます。図 3.13 は、得点（偏差値）は同じだが能力値が異なる受験者の、サンプル値に基づく能力値分布を箱ひげ図で示したものです。ベイズ推論を活用することで、単なる点数より細かいレベルで個人の能力を分析できた事例になります。

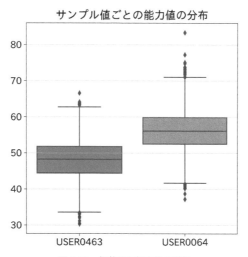

図 3.13　偏差値と能力値の関係

### 事前分布と事後分布

　ベイズ推論では「**事前分布**」「**事後分布**」という言葉がよく出てきます。この言葉の意味を理解するための次のような思考実験をしてみましょう。

---

(1) 大小 2 つのサイコロが、外から見えない伏せたコップに入っている。このサイコロの目の合計が 4 であれば、1200 円もらえる賭けをするものとする。あなたはこの賭けにいくらまでなら賭けるか[注7]？

(2) 今度は別の人がコップの中をのぞき、その人から「小」のサイコロの目を事前に教えてもらえるものとする。今回の賭けでは、「小」の目は 1 であった。この場合、あなたはいくらまでなら賭けるか？

---

　まず、(1) のケースから考えてみましょう。いかさまのないサイコロであることを前提にできるなら、2 つのサイコロのどの目の出る確率もすべて対等のはずです。この場合、全部で 36 通りの組合せのうち、合計が 4 になるのは ( 大の目、小の目 )=(1, 3), (2, 2), (3, 1) の 3 通りです。つまり、1200 円もらえる確率は $3/36 = 1/12$ となります。期待値を計算すると賭け金が 100 円ならイーブン、90 円なら得をし、110 円なら損をする計算になります。「2 つのサイコロの目の和が 4 である」事象を $A$ とします。今の話は、**事前分布**の確率 $P(A) = 1/12$ であることを意味します。

　次に (2) のケースを考えてみます。小の目が 1 であったとわかっているなら、サイコロの目の可能性は $(1, 1), (2, 1), (3, 1), (4, 1), (5, 1), (6,1)$ の 6 通りに限定されます。このうち、1200 円をもらえるのは $(3, 1)$ の場合です。つまり、この場合、1200 円をもらえる確率は $1/6$ になります。期待値を計算すると、賭け金が 200 円ならイーブン、190 円なら得をし、210 円なら損をします。「小のサイコロの目が 1 である」事象を $B$ とします。事象 $B$ の条件付きでの事象 $A$ の確率を求めるとき、この確率を「**条件付き確率**」と呼びます。また、表記法として $P(A|B)$ という書き方をします。今回の例の場合 $P(A|B) = 1/6$ となります。$B$ という事象を観測したことにより $A$ の起きる確率が変化したことになります。この変化後の確率を**事後分布**と呼びます。

　以上の思考実験では、事前分布の確率、事後分布の確率、ともに固定的な値でした。ベイズ推論では、それぞれが確率分布になるところが、今の思考実験とベイズ推論で異なる点です。しかし、**「観測値によって確率が変わる」という考えは共通している**ことになります。

　上の思考実験にいくつかの観点を補うと、**ベイズの定理**を説明できます。せっかくなのでその説明もしてみましょう。今度は上の思考実験を事象 $B$ からはじめてみます。$B$ の事象は「小のサイコロの目が 1 である」です。最初にこの確率を計算したいとします。サイコロの目は 6 通りの可能性があり、確率はすべて対等なはずなので事象 $B$ の事前分布の確率を $P(B)$ とすると $P(B)$

---

注7　なんでいきなり賭けの話を持ち出したかというと、2 つ理由があります。1 つは抽象的で面白くない話も、お金と関連づけると読者が興味を持ちやすいのではないかと思ったことです。もう 1 つには歴史的事実があります。現在の確率の考え方のもとになったのは、フランスの数学者パスカルが、賭けに関する質問を受けていろいろやりとりしているときに示された概念だったとか。「賭け」と「確率」の切っても切れない関係は、このときにはじまっているのです。

= 1/6 です。先ほどと枠組みを逆にして**当てたいのは事象** $B$ であり、そのための**ヒントとして事象** $A$ **の結果を教えてもらう**ことを想像してください。「2 つのサイコロの目の和が 4 である（事象 $A$）」であることがわかっているときに「小のサイコロの目が 1 である（事象 $B$）」の確率を知りたいという話になります。**事象** $A$ **を満たすサイコロの目の組合せ**は (1, 3), (2, 2), (3, 1) の 3 通りです。このうち、事象 $B$ を満たすのは (3, 1) のみ、つまり上の条件を満たす事後分布の確率 $P(B \mid A) = 1/3$ になります。これでベイズの定理を満たす確率値の各要素がすべて計算されました。ベイズの定理は次の式により示されます。

$$P(A \mid B) = \frac{P(B \mid A)\, P(A)}{P(B)}$$

　今まで導出した確率値を当てはめて計算すると、上の公式が満たされていることがわかると思います。

　以上の例で説明したのは、すべて確率変数が離散値である離散分布における事前分布と事後分布の説明でした。

　ベイズ推論の場合、対象の確率分布はほとんどの場合、連続分布です。

　しかし、何も情報がない時点でいったん事前分布を想定し、観測値に基づいて修正した分布を事後分布とする基本的な考え方はここで説明した例と同じです。

# 第4章

# はじめてのベイズ推論実習

　3章では、最尤推定と対比させつつ、ベイズ推論がどんなものなのか、具体的な問題を題材に説明しました。本章では、Pythonの実装コードを通じて、ベイズ推論を具体的に体験していきます。1章、2章で確率分布がどんなものであるかを理解し、3章でベイズ推論の考え方・進め方をマスターした読者にとって、4章の実習コードはとてもわかりやすいものに見えるはずです。

## 4.1　問題設定（再掲）

　本章では、3章で説明したくじ引きの問題を、Python実装レベルで具体的に解きます。3.2節で示した今回解くべき問題を改めて以下に示します。

> 　常に確率が一定で、前回の結果が次回に一切影響しないくじ引きがあります。ある人がこのくじ引きを5回引いたところ、結果は「当たり、はずれ、はずれ、当たり、はずれ」でした。1回のくじ引きに当たる確率を $p$ とするとき、この $p$ の値を求めなさい。

## 4.2　最尤推定

　3.3節で説明したように、くじに当たる確率を $p$ とすると、5回の試行の結果が「当たり、はずれ、はずれ、当たり、はずれ」になる場合の確率は式(4.1)で定義でき、尤度関数と呼ばれていました。

$$f(p) = p^2(1-p)^3 \tag{4.1}$$

　式(4.1)で示される尤度関数のグラフをコード4.1で改めて描画します。

コード4.1　尤度関数のグラフ

```
1    def lh(p):
2        return p ** 2 * (1-p) ** 3
3
4    # グラフ描画用 x 座標の定義
```

```
5    # 0.0 < x < 1.0
6    p = np.arange(0.0, 1.0, 0.01)
7
8    # グラフ描画
9    plt.rcParams['figure.figsize'] = (6, 4)
10   plt.plot(p, lh(p))
11   plt.xlabel('p( 確率値 )')
12   plt.ylabel(' 尤度 ')
13   plt.title(f' 尤度関数 ');
```

▷ 実行結果（グラフ）

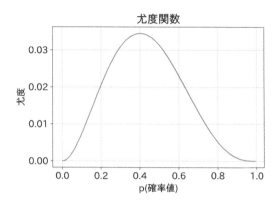

　3 章の復習ですが、**最尤推定**とは**尤度関数の値が最大になるパラメータ $p$ の値を求める手法**でした。今回の例の場合は尤度関数が簡単なので**数式による微分計算をして解析的に解く**こともできるのですが、今回はより一般的な解法である**勾配降下法**を使って解きます。この手法は**繰り返し計算で最適な $p$ の値を求める**アルゴリズムです。

　コード 4.2 は、PyTorch を使った実装例です。本書の主目的のベイズ推論とは関係ないので、コードの意味はわからなくて構わないです。

コード 4.2　最尤推定の繰り返し計算の実装

```
1    import torch # ライブラリインポート
2
3    def log_lh(p): # 対数尤度関数
4        return (2 * torch.log(p) + 3 * torch.log(1-p))
5
6    num_epochs = 40 # 繰り返し回数
7    lr = 0.01              # 学習率
8
9    # パラメータ初期値 (p=0.1)
10   p = torch.tensor(0.1, dtype=torch.float32, requires_grad=True)
11
12   logs = np.zeros((0,3))
13   for epoch in range(num_epochs):
14       loss = -log_lh(p)           # 損失計算
```

```
15        loss.backward()            # 勾配計算
16        with torch.no_grad():
17            p -= lr * p.grad        # パラメータ修正
18            p.grad.zero_()          # 勾配値の初期化
19        log = np.array([epoch, p.item(), loss.item()]).reshape(1,-1)
20        logs = np.vstack([logs, log])
```

上のプログラムでは尤度関数の代わりにその対数をとった**対数尤度関数**を用い、さらにそのマイナスをとった値を**損失**として繰り返し処理での微分計算対象としています。計算の途中経過はすべて変数 logs に保存されています。その内容を可視化した実装がコード 4.3 です。

コード 4.3　繰り返し計算の過程をグラフ表示

```
1    plt.rcParams['figure.figsize'] = (8, 4)
2    fig, axes = plt.subplots(1, 2)
3    axes[0].plot(logs[:,0], logs[:,1])
4    axes[0].set_title('p( 確率値 )')
5    axes[1].plot(logs[:,0], logs[:,2])
6    axes[1].set_title('loss( 損失 )')
7    plt.tight_layout()
8    plt.show()
```

▷ 実行結果（グラフ）

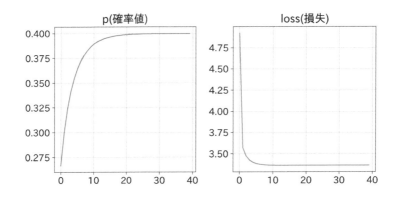

コード 4.1 のグラフのとおり、0.4 の確率値が繰り返し計算で導出されています。

今回取り上げている問題は、求めるパラメータが $p$ 1 つだけというとてもシンプルな問題です。求めるパラメータを $y = w_0 + w_1 x$ という**1 次関数の傾きと定数**に取り替えると、**線形単回帰**の問題になります。線形単回帰の問題に最尤推定を適用すると、最適なパラメータ値の組 $(w_0, w_1)$ が 1 組求まります。これが通常の機械学習の裏でやっている処理です。

同じ線形単回帰の問題に対してベイズ推論を適用することも可能です。この場合、**パラメータの組 $(w_0, w_1)$ がそれぞれ、確率分布として求められる**ことになります。

# 4.3 ベイズ推論 (確率モデル定義)

　前節では、くじ引きの当たる確率を最尤推定で求めてみました。ここからは、同じ問題にベイズ推論で取り組んでみます。1.4 節で説明したとおり、ベイズ推論プログラミングの大きな流れは、図1.4 のようになります。

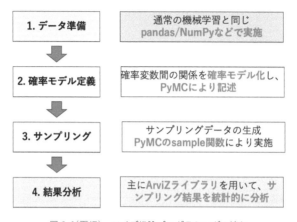

図 1.4(再掲)　ベイズ推論プログラミングの流れ

　最初の「1. データ準備」とは、簡単にいうと、ベイズ推論で入力となる**観測値を準備**することです。実業務を対象としたベイズ推論の場合、この過程が大変なことも多いですが、今回は、「当たり、はずれ、はずれ、当たり、はずれ」を NumPy 変数の 1 次元配列で表現するだけなので、コード 4.4 で簡単に実現できます。ここでは観測値は変数名 X で表現しています。

コード 4.4　データ準備

```
1    # データ ( 観測値 ) 準備
2    X = np.array([1, 0, 0, 1, 0])
3    print(X)
```

▷ 実行結果 (テキスト)

```
1 | [1 0 0 1 0]
```

　次のステップが「2. 確率モデル定義」です。ここで出発点となるのは、3.4 節で導出した図 3.5 の関係です。重要なので、以下に改めて示します。

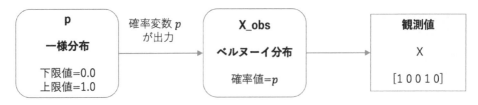

図 3.5(再掲)　確率モデルの構造

PyMC による**確率モデル定義**とは、図 3.5 を PyMC の言葉で表現することと同じです。具体的な実装はコード 4.5 になります。

コード 4.5　確率モデル定義

```
1    # コンテキスト定義
2    model1 = pm.Model()
3
4    with model1:
5        # pm.Uniform: 一様分布
6        p = pm.Uniform('p', lower=0.0, upper=1.0)
7
8        # pm.Bernoulli: ベルヌーイ分布
9        X_obs = pm.Bernoulli('X_obs', p=p, observed=X)
```

ここで利用しているプログラミング要素のうち、「**変数 model によるコンテキスト定義**」「**pm. Uniform クラスによる一様分布の確率モデル**」「**pm.Bernoulli クラスによるベルヌーイ分布の確率モデル**」については、いずれも 1 章、2 章ですでに説明済みです。新しいプログラミング要素はすべてコード 4.5 の 9 行目に出てきており、具体的には次の 2 つです。

1. **確率変数間の関係性**：一様分布の確率変数 p が、次のベルヌーイ分布のコンストラクタに対して確率値を示す引数として渡されている。
2. **観測値との関係性**：事前に準備した観測値を表す変数 X がベルヌーイ分布のコンストラクタに対して observed 引数として渡されている。

3 章でベイズ推論は**事前分布**と**観測値**をもとに、確率分布を推論する手法であると説明しました。このうち、**事前分布**が「**1. 確率変数間の関係性**」に、**観測値**が「**2. 観測値との関係性**」に該当します。これで、確率モデル定義の実装であるコード 4.5 に出てきているプログラミング要素はすべて説明できました。

確率モデル定義が完了したら、必ずコード 4.6 で、確率モデルの可視化も実施してください。

コード 4.6　確率モデルの可視化

```
1    g = pm.model_to_graphviz(model1)
2    display(g)
```

実行結果については、図 4.1 にそれぞれの意味も追加した形で示しました。プログラミングのコードだけではわかりにくい、確率変数間の関係性をグラフにより確かめることが可能です。

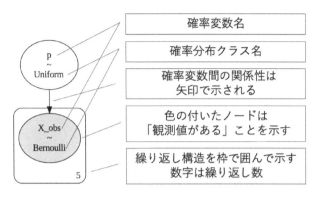

図 4.1　確率モデル可視化結果の読み取り方

グラフの表記ルールを列挙すると次のようになります。図 4.1 も参照しながら、それぞれの意味を理解するようにしてください。

1. 丸で示されるノードが確率分布を示す
2. ノード内の上の表記が確率変数名、下が確率分布クラス名
3. 矢印により確率変数間の関係性が示される
4. 繰り返し構造は枠で囲んで示す
5. 枠の右下の数字は繰り返し数
6. 色がついたノードは、観測値があることを示す

繰り返し構造について補足します。今回の確率モデルで確率値 p は値を 1 つしか持ちません。これに対して X_obs はベルヌーイ分布に従う確率変数で、観測値が 5 個存在します。つまり、共通の p を5 つの観測値が共有する形になります。上の説明の 4 と 5 は、このことを示したものです。確率モデル可視化結果の図は、今後、本書で繰り返し出てくることになります。この図を正しく読みとることが非常に重要なので、読み方を忘れた読者は、図 4.1 に戻って思い出すようにしてください。

# 4.4　ベイズ推論 ( サンプリング )

ベイズ推論において**確率モデル定義**の次のステップで実施するのが**サンプリング**です。PyMC では sample 関数により実行されます。

サンプリング時にデフォルト値から変更することの多い、重要な 3 つのパラメータについて説明します。図 4.2 を見てください。これは、サンプリングの結果得られたサンプル値系列を示しています。

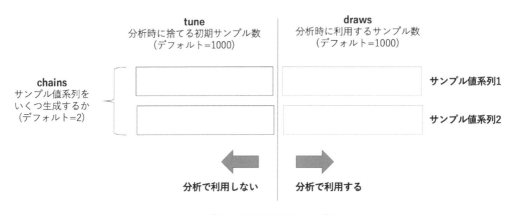

図 4.2　サンプリング時に重要な 3 つのパラメータ

　**サンプリングは PyMC において根幹的な機能**であり、そのアルゴリズム（**MCMC：Markov Chain Monte Carlo**）を説明することは入門書の範囲を超えることになります。そのため詳細な説明は省きますが、おおよそのイメージをいうと、観測値を満たすような、事前分布に従う乱数（サンプル値）を計算していきます。乱数（サンプル値）は確率変数が連続分布に従う場合、1 つ前の値から少し変えた値になります。つまり、**前の乱数（サンプル値）を受けて、次の乱数（サンプル値）が定まります。**

　そこで**サンプル値系列**という概念が出てきます。サンプルの初期値が異なると、まったく別の傾向を持ったサンプル値系列ができる可能性があるのです。その点を確認するため、**初期値を変えて複数のサンプル値系列で結果を確認する仕組み**を sample 関数は持っています。そのためのパラメータが図 4.2 左の chains で、**サンプル値系列をいくつ生成するか**を指定します。デフォルト値は 2 です。この値を変更すると、より多くのサンプル値系列を生成することが可能です。そうすることで、得られた確率分布がたまたま特定の初期サンプル値で発生したものなのか、一般的なものなのかを判断できるのです。

　では、図 4.2 中央の tune パラメータの意味は何でしょうか。sample 関数の内部で利用されている MCMC というアルゴリズムは、うまく初期値と変更量を選ぶと、**サンプル値の変化が定常状態になる**性質を持っています。つまり、このアルゴリズムでは、サンプル値系列で見たとき、**初期状態が不安定で、徐々に結果が安定してくる**傾向があるのです。そこで、**不安定なことの多い初期状態のサンプル値を分析対象から外す**、そういう目的で作られたのが tune パラメータです。このパラメータのデフォルト値は 1000 になっています。

　最後に図 4.2 右の draws パラメータを説明します。こちらは tune と逆に、**分析対象として利用されるサンプル数**を示します。こちらもデフォルト値は 1000 です。図 4.2 にあるように、複数のサンプル値系列でそれぞれ draws 個分のサンプル値が存在します。複雑な構成の確率モデルの場合、**予測結果をより確実なものとするため、この値をデフォルトより大きくする**使い方がよく行われます。

　以上の話をまとめると、分析可能なサンプル数は、NumPy の shape で表現すると、(chains, draws) 個分ということになります。

もう1つ、本書の実習で利用するパラメータとして target_accept パラメータがあります。こちらは、ベイズ推論の収束が不十分な場合に利用するチューニングパラメータと理解してください。実習コードの中で登場した際に改めて説明することにします。

　この他、sample 関数の重要なパラメータとしては init パラメータと step パラメータがあります。init パラメータは、サンプリングするパラメータの初期値を決定するアルゴリズムに関するパラメータです。また step パラメータは、1つ前のサンプリング値から次のサンプリング値を計算するためのアルゴリズムに関するパラメータです。どちらも修正して使うには高度の数学的知識が必要です。これら2つのパラメータは最初の段階ではチューニングして使う必要はなくデフォルト値で十分です。今の段階では、パラメータの存在だけ知っていれば問題ありません。

　コード 4.7 では、上で説明した3つのパラメータ値を明示的に設定してサンプリングする場合の実装と結果を示します。

コード 4.7　パラメータ値を明示的に設定してサンプリング

```
1    with model1:
2        idata1_1 = pm.sample(
3            # 乱数系列の数（デフォルト 2）
4            chains=3,
5            # 捨てるサンプル数（デフォルト 1000）
6            tune=2000,
7            # 取得するサンプル数（デフォルト 1000）
8            draws=2000,
9            random_seed=42)
```

▷ 実行結果

```
100.00% [4000/4000 00:03<00:00 Sampling chain 0, 0 divergences]
100.00% [4000/4000 00:02<00:00 Sampling chain 1, 0 divergences]
100.00% [4000/4000 00:02<00:00 Sampling chain 2, 0 divergences]
```

　sample 関数呼び出しは、処理に時間がかかるので、プログレスバーによって、全体の何%まで終わったかが示されます。3行表示されているのは chains の数と対応しています。1行（1 chain）分では 2000+2000 で 4000 個のサンプリングが行われます。そのうち、分析に使われるのは chain ごとに後半の 2000 個です。結果を保存する変数名は PyMC のチュートリアルにならって idata にしました。頭の i は、推論（inference）からきています。

　コード 4.8 は3つのパラメータを一切指定せずにデフォルト値でサンプリングした例です。

コード 4.8　デフォルト値でサンプリング

```
1    with model1:
2        idata1_2 = pm.sample(random_seed=42)
```

```
100.00% [2000/2000 00:01<00:00 Sampling chain 0, 0 divergences]
100.00% [2000/2000 00:01<00:00 Sampling chain 1, 0 divergences]
```

この場合 chains=2、tune=1000、draws=1000 を指定したのと同じ結果になります。

## 4.5 ベイズ推論（結果分析）

　これからベイズ推論の次のステップである**結果分析**を説明するのですが、それに先だって、今までやってきたベイズ推論の流れを改めて振り返ります。

　図 3.5 を改めて提示します。今まで説明していませんでしたが、この図の**矢印は因果関係という観点**のものです。つまり、最初に一様分布があり、一様分布に従う確率変数 p を引数としてベルヌーイ分布が定まり、最後にベルヌーイ分布に従う確率変数として観測値が得られるという流れです。

図 3.5（再掲）　確率モデルの構造

　因果関係という観点で図 3.5 は正しいのですが、実際のベイズ推論でやっている流れを示すと、図 4.3 のようになります。

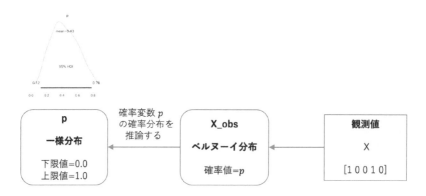

図 4.3　ベイズ推論の実際の流れ

今度は**出発点は観測値**になります。今取り上げている例題では [1 0 0 1 0] という NumPy 変数の 1 次元配列です。この観測値が起点となり、ベルヌーイ分布を経由して、もともと一様分布だった**確率変数 p の事後分布がサンプル値の配列として得られる**。こうして得られたサンプル値の配列にさまざまな処理を行い、**事後分布の性質を確認する**。いわば、**本来の因果関係と逆向きに事後分布の推論をする**。ここに**ベイズ推論の本質**があります。以下の説明は、この点を頭において読み進めるようにしてください。

結果分析で実施することは

1. サンプリングが正常にできていることの確認
2. 可視化による確率分布の確認
3. 統計分析による確率分布の確認

の 3 つです。よく使われる関数としては、`plot_trace` 関数、`plot_posterior` 関数、`summary` 関数があります。これらの関数呼び出し結果に対して、どういう点に着目するかを順に説明します。

## 4.5.1 plot_trace 関数

`plot_trace` 関数は主にサンプリングが正常にできていることの確認で利用します。実装はコード 4.9 です。

コード 4.9　`plot_trace` 関数呼び出し

```
1    az.plot_trace(idata1_2, compact=False)
2    plt.tight_layout();
```

▷ 実行結果（グラフ）

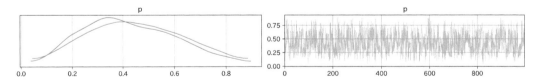

コード 4.9 に関して補足説明します。1 行目の `compact=False` は複数のサンプル値系列の色分けをする目的で指定しています。2 行目の `tight_layout` 関数は複数のグラフがぶつからないために呼び出しています。

1 つの変数に対して左右 2 つのグラフが表示されます。グラフのタイトルに、分析対象の確率変数（上の例では p）が示されます。

左のグラフは、横軸が分析対象の確率変数の値、縦軸はそれぞれの値に対する発生頻度です。分析対象の確率変数が連続分布の場合、いったんヒストグラムを作り、それを連続的な関数で近似し

た結果（確率密度関数に該当するもの）が表示されています。2つのグラフが表示されているのは、plot_trace 関数がサンプリングのそれぞれの系列で別々にグラフを作ることによります。

　確率密度関数においては、相対的な値に意味があり、絶対的な値はあまり意味を持ちません。左のグラフで縦軸のスケールがないのはそういう理由によります。今回の例では、2つのグラフの形がほぼ同じになっていて、これはベイズ推論のアルゴリズムがうまく動いていることを意味します。逆に、複数のグラフの形が極端に異なる場合は、確率モデルの組み方などの問題があることを意味しているので、何らかの対応が必要です。

　右のグラフは横軸が繰り返し回数、縦軸が分析対象の確率変数の値として、値の変化を折れ線グラフで示したものです。確率変数の軸が左のグラフと違って縦軸である点に注意してください。また、横軸の最大値は sample 関数呼び出し時に draws パラメータで指定した値（指定しない場合はデフォルト値の 1000）になっています。

　コード 4.9 の実行結果のグラフのように縦軸の値が一定範囲を何度も行き来しているのが正しい挙動です。

　以上で説明した観点を満たさないグラフとして図 4.4 を示します。

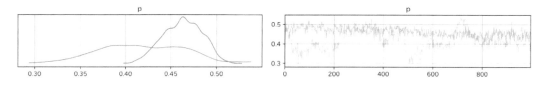

図 4.4　問題のある plot_trace 関数の結果

　左：2つのグラフの形がまったく異なっている、右：特に青のグラフに関して、繰り返し回数の値（横軸の値）によって縦軸の値の変動範囲がまったく違っている、という点が注意すべき点です。このような結果となった場合は、確率モデル定義などから見直すようにしてください。

## 4.5.2 plot_posterior 関数

　plot_posterior 関数は可視化による確率分布の確認方法として最もよく利用される方法です。実装はコード 4.10 になります。

コード 4.10　plot_posterior 関数呼び出し

```
1    ax = az.plot_posterior(idata1_2)
2    ax.set_xlim(0, 1)
3    ax.set_title(' ベイズ推論結果　初期版 ');
```

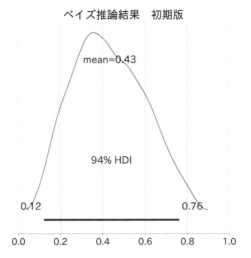

　下に表示されているバーに注目してください。これは分析対象の確率変数の 94% HDI の範囲を示しています。ここで示された範囲が、最終的に業務で活用されることになります。HDI の閾値はデフォルト値で 94% ですが、`hdi_prob` のオプションパラメータを変更することで、別の値を用いることも可能です。

　横軸はデフォルトで最適な範囲に自動調整されているのですが、後ほど試行回数を増やした結果と比較するため、[0, 1] の範囲を再設定しました。

### 4.5.3 summary 関数

　`summary` 関数はサンプル値の統計分析の目的でも、またベイズ推論が正しくできていることの確認でも用いられます。コード 4.11 が実装例です。

コード 4.11　`summary` 関数呼び出し

```
1    summary1_2 = az.summary(idata1_2)
2    display(summary1_2)
```

▷ 実行結果（表）

|   | mean | sd | hdi_3% | hdi_97% | mcse_mean | mcse_sd | ess_bulk | ess_tail | r_hat |
|---|------|-----|--------|---------|-----------|---------|----------|----------|-------|
| p | 0.434 | 0.177 | 0.123 | 0.761 | 0.006 | 0.004 | 873.000 | 1315.000 | 1.000 |

　`summary` 関数は結果をデータフレームで返します。それをいったん summary1_2 変数 に代入し、display 関数で整形した結果を表示する実装としました。この結果のうち、mean、sd、hdi_3%、hdi_97% の 4 項目は、サンプリング結果への統計分析結果を示しています。これらの項目値の読み方

に関しては、すでに2章で説明済みなので省略します。

mcse_mean 以降の各項目はいずれもベイズ推論のアルゴリズムが問題なく機能しているかを確認するための指標値です。目安として mcse_mean は 0.01 以下、ess_bulk は 400 以上、r_hat は 1.01 以下と考えてください。参考までに、mcse はモンテカルロ標準エラー (Monte Carlo standard error)、ess は有効サンプルサイズ (effective sample size) の略称になります。

個々の項目の詳細な説明は下記リンク先にあるので関心ある読者は参考としてください。

URL：https://bayesiancomputationbook.com/markdown/chp_02.html#diagnosing-numerical-inference

短縮 URL：https://bit.ly/47BFAV9

## 4.6 ベイズ推論（二項分布バージョン）

以上で、4.1 節で設定した問題をベイズ推論で解くタスクは一通り終わりました。本節では、確率モデル定義の練習を兼ねて、4.3 節と別の確率モデル定義を試してみます。変更する点は、ベルヌーイ分布の部分です。観測値を [1 0 0 1 0] と 5 つの個別要素に分けたため、この定義をする必要があったのですが、今回の予測をするにあたって本質的な情報は「5 回中 2 回当たり」という部分であり、何度目に当たりが出たのかという情報はなくても、確率値 p の予測はできるはずです。その場合、確率分布は**二項分布**になります。

この前提で確率モデル定義を実施した実装がコード 4.12 になります。

コード 4.12 確率モデル定義　二項分布バージョン

```
1     # コンテキスト定義
2     model2 = pm.Model()
3
4     with model2:
5         # pm.Uniform: 一様分布
6         p = pm.Uniform('p', lower=0.0, upper=1.0)
7
8         # pm.Binomial: 二項分布
9         # p: 成功確率
10        # n: 試行数
11        X_obs = pm.Binomial('X_obs', p=p, n=5, observed=2)
```

前回の確率モデル定義のコード 4.5 との違いは 11 行目に集約されています。前回は利用したクラスが pm.Bernoulli だったのに対して、今回のクラスは二項分布を意味する pm.Binomial になりました。また、コンストラクタのパラメータが新しく増えています。新しく増えたパラメータ n は**試行回数**を意味します。今回は「くじ引きを 5 回引いた」ということを前提としているので、n=5 をパラメータで与えればいいことになります。もう 1 つ変わったのが、observed パラメータに与える引数です。今回は「何回目が当たりで何回目がはずれか」という個別の試行レベルでの情報は不要で、「5 回の試行中何回当たりだったか」という数だけを与えればいいです。その結果、新しいパラメータは

observed=2 になっています。

　それでは、こうやって作った新しい確率モデルを可視化してみましょう。実装と結果は、コード 4.13 になります。

コード 4.13　二項分布バージョンの確率モデル可視化

```
1    g = pm.model_to_graphviz(model2)
2    display(g)
```

▷ 実行結果（グラフ）

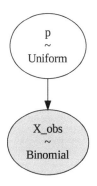

　この結果を前回の結果と比較すると、前回存在した繰り返し構造がなくなっていることがわかります。二項分布の確率分布を用いることで、確率モデル定義をよりシンプルに実装できたことになります。今回はサンプリングの実装は省略し、グラフと表の実行結果のみ以下に示します。

▷ 実行結果（グラフ）

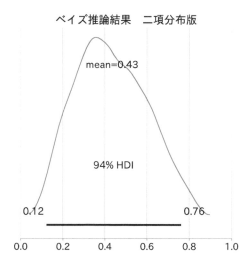

|   | mean | sd | hdi_3% | hdi_97% | mcse_mean | mcse_sd | ess_bulk | ess_tail | r_hat |
|---|------|-----|--------|---------|-----------|---------|----------|----------|-------|
| p | 0.434 | 0.177 | 0.123 | 0.761 | 0.006 | 0.004 | 873.000 | 1315.000 | 1.000 |

　実行結果のグラフと表は、4.5 節で示したベルヌーイ分布モデルに基づくベイズ推論の結果と、まったく同じ結果になりました[注1]。

## 4.7　ベイズ推論（試行回数を増やす）

　別の実験をしてみます。今度は、前節と同じ二項分布ですが、試行回数 50 回、成功数 20 回と、成功比率を保ったまま、試行回数を 10 倍にします。経験的には、試行回数を増やすことで、確率値が 0.4 に近い範囲に収まる可能性が高くなることが予想されます。この予想が正しいか、ベイズ推論で確認してみましょう。以下の紙面では、前回と違いのあった箇所だけ示すことにします。

コード 4.14　確率モデル定義

```
1      # コンテキスト定義
2    model3 = pm.Model()
3
4    with model3:
5        # pm.Uniform: 一様分布
6        p = pm.Uniform('p', lower=0.0, upper=1.0)
7
8        # pm.Binomial: 二項分布
9        # p: 成功確率
10       # n: 試行数
11       X_obs = pm.Binomial('X_obs', p=p, n=50, observed=20)
```

　コード 4.14 が新しい確率モデル定義の実装です。コード 4.12 と違っているのは、11 行目の pm.Binomial クラス呼び出しのパラメータ値です。具体的には n: 5 → 50、observed: 2 → 20 が変更された箇所となります。この変更で、結果の確率分布のグラフと統計情報がどう変わったのか見ていきます。結果は図 4.5 と表 4.1 に示しました。

---

注 1　ベイズ推論のサンプリングでは乱数が使われていますが、本書の実習コードは共通して random_seed=42 のパラメータが sample 関数呼び出し時に利用されています。このため、常に同じ結果になります。また、「ベルヌーイ分布で 5 回」という条件と、「二項分布で n=5」という条件もまったく同一なので、4.5 節と 4.6 節の結果は同じになります。

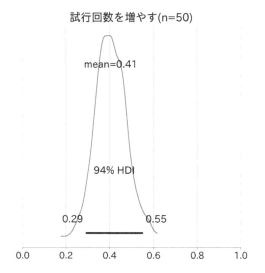

図 4.5　試行数を増やしたときの可視化結果

表 4.1　試行数を増やしたときの集計結果

|  | mean | sd | hdi_3% | hdi_97% | mcse_mean | mcse_sd | ess_bulk | ess_tail | r_hat |
|---|---|---|---|---|---|---|---|---|---|
| p | 0.406 | 0.068 | 0.291 | 0.552 | 0.002 | 0.002 | 997.000 | 1559.000 | 1.000 |

　本節で説明したとおり、試行回数を増やすことで 94% HDI の範囲を、$0.291 \leq p \leq 0.552$ とより狭い範囲に絞り込むことができました。これはベイズ推論としての精度が高くなったことを意味していて、「**試行回数を増やせば増やすほどより確度の高い推論が可能になる**」という経験則を実証できたことになります。

## 4.8　ベイズ推論 (事前分布の変更)

　今度は、事前分布に手を加えることで、ベイズ推論の結果をよくすることができるかを確認します。今まで $0.0 \leq p \leq 1.0$ のすべての可能性があるという前提で定めていた事前分布ですが、何らかの理由で $0.1 \leq p \leq 0.9$ であることがわかったとします。この形に事前分布を変更して、その結果を 4.6 節の結果と比較することにします。

　実装コードは全部 1 つにまとめて、コード 4.15 としました。

コード 4.15　事前分布を変更したベイズ推論

```
1    # コンテキスト定義
2    model4 = pm.Model()
3
4    with model4:
5        # 確率モデル定義
6
```

```
7        # 一様分布のパラメータを変更
8        p = pm.Uniform('p', lower=0.1, upper=0.9)
9
10       # 5回中2回当たりという観測値はそのまま
11       X_obs = pm.Binomial('X_obs', p=p, n=5, observed=2)
12
13       # サンプル値取得
14       idata4 = pm.sample(random_seed=42)
```

▷ 実行結果（グラフ）

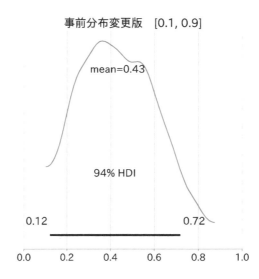

▷ 実行結果（表）

|   | mean | sd | hdi_3% | hdi_97% | mcse_mean | mcse_sd | ess_bulk | ess_tail | r_hat |
|---|------|----|--------|---------|-----------|---------|----------|----------|-------|
| p | 0.432 | 0.170 | 0.121 | 0.718 | 0.006 | 0.005 | 681.000 | 741.000 | 1.000 |

　今回は 94% HDI の範囲が $0.121 \leqq p \leqq 0.718$ となりました。4.6 節の実行結果と比較すると、4.6 節のときには $0.123 \leqq p \leqq 0.761$ だった 94% HDI の範囲がわずかですが狭まり、推論の精度が向上していることがわかります[注2]。これが、事前分布を変更することによる効果の一例になります。

## 4.9 ベータ分布で直接確率分布を求める

　本節では、別の実験をやってみます。今回、ベイズ推論の対象にしている確率モデルは、確率分布としては 2 章で説明したベータ分布になることが、数学的に証明されています。このことを、4.7 節の実習で作った確率分布のグラフと対応するベータ分布のグラフの重ね描きにより確認します。実装

---

注2　今回の検証結果で厳密には、hdi_3% に関しては、元が 1.23 に対して今回は 1.21 とむしろ逆向きの変化になっています。ベイズ推論結果は乱数初期値で変動する要素があり、その影響のほうが大きかったと考えられます。hdi_97% に関しては、範囲を狭くする方向に大きく減少しており、この点に注目するようにしてください。

はコード 4.16 です。

コード 4.16　ベータ分布（`alpha=21`, `beta=31`）とベイズ推論結果の重ね描き

```
1    # 真のベータ関数の定義
2    from scipy import stats
3    alpha = 20 + 1
4    beta = 30 + 1
5    true_beta = stats.beta(alpha, beta)
6
7    # ベイズ推論結果の可視化
8    # idata3 は 4.7 節で計算した結果を利用
9    ax = az.plot_posterior(idata3)
10   ax.lines[0].set_label(' ベイズ推論結果 ')
11
12   # 真のベータ関数の可視化
13   x = np.linspace(*ax.get_xlim())
14   ax.plot(x, true_beta.pdf(x), color='orange', label=' 真値 ')
15   ax.legend(loc='center right');
```

▷ 実行結果（グラフ）

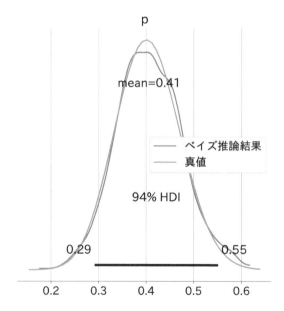

　ベータ関数の真値は、SciPy の `stats.beta` 関数を用いて計算しました。このグラフと、先ほど図 4.5 で示した、二項分布（n=50, observed=20）から導出した事後分布のグラフを重ね描きしました。2 つの曲線がほぼ一致する結果となりました。

## ArviZ の FAQ

　ArviZ はベイズ推論エンジンである PyMC に対し、サンプリング結果を可視化・分析する目的で作られたライブラリです。PyMC 同様に慣れると非常に便利なのですが、はじめて使うときによくわからず戸惑う点がいくつかあります。著者自身が疑問に思った何点かの話を、当コラムにまとめました。

1. HDI のデフォルト値はなぜ 94%
2. plot_posterior 関数や plot_trace 関数に縦軸のスケールがない理由
3. どうしても縦軸にスケールを入れたい場合はどうするのか
4. plot_posterior 関数や plot_trace 関数のグラフに細かい加工をしたい場合はどうするのか
5. plot_trace 関数出力の下部に時々表示されるバーの意味

### 1. HDI のデフォルト値はなぜ 94%

　John Kruschke の『Doing Bayesian Data Analysis』という書籍では、95% HDI とすると統計的有意性のテストでの p < 0.05 の閾値と混同される可能性があるため、この混乱を避ける目的で 93% HDI の利用を推奨しています。ArviZ でデフォルト値を 95% HDI としないのは、これが理由であるといわれています。

　93% でなく 94% がデフォルト値に選ばれた理由までは調べられませんでした。93% にすると summary 関数の結果表示で、3.5% HDI や 96.5% HDI のような小数点付きの列名になってしまうため、整数値にしたかった可能性があるかと考えられます。

### 2. plot_posterior 関数や plot_trace 関数に縦軸のスケールがない理由

　ArviZ の plot_posterior 関数や plot_trace 関数において、縦軸のスケールが明示的に表示されない理由は、可視化の目的とそれに基づいたデザイン哲学から来ています。縦軸の値である確率密度関数は、相対的な値の変化に基づくグラフの形状が可視化の本質的な目的であり、縦軸スケールの値は表示するとかえってノイズになってしまいます。ArviZ では、この考えに基づいて、デフォルトでは表示されてしまう縦軸スケールをあえて表示からはずすという方法をとっています。

### 3. どうしても縦軸にスケールを入れたい場合はどうするのか

　縦軸スケールがない理由は 2 で説明したとおりですが、どうしても縦軸スケール表示をしたい場合はコード 4.17 を参考にしてください。

コード 4.17　plot_posterior 関数で縦軸スケールを表示

```
1    ax = az.plot_posterior(idata1_2)
2
3    # 縦軸の線の表示
```

```
4     ax.spines['left'].set_visible(True)
5
6     # 縦軸ラベル表示
7     ax.set_ylabel("Density")
8
9     # 縦軸の目盛の位置を自動的に決定
10    from matplotlib.ticker import AutoLocator
11    ax.yaxis.set_major_locator(AutoLocator())
12
13    ax.set_xlim(0, 1)
14    ax.set_title(' ベイズ推論結果　縦軸スケール表示版 ');
```

#### 4. plot_posterior 関数や plot_trace 関数のグラフに細かい加工をしたい場合はどうするのか

ちょうどコード 4.17 が、この目的のサンプルプログラムになっています。plot_posterior 関数は、Matplotlib の ax オブジェクトを関数の戻り値として返しています。この ax オブジェクトに対して各種関数（正確にはメソッド）呼び出しをすると、描画後のグラフに細かい加工をすることが可能です。

plot_trace 関数の場合、戻り値は ax オブジェクトの 2 次元配列です。例えば、plot_trace 関数の結果グラフのうち、1 行目の右のグラフのタイトルを変更したい場合、実装はコード 4.18 になります。

コード 4.18　plot_trace 関数グラフでタイトルを変更

```
1     axes = az.plot_trace(idata1_2, compact=False)
2     plt.tight_layout()
3     axes[0,1].set_title(' グラフタイトルの変更 ');
```

#### 5. plot_trace 関数出力の下部に時々表示されるバーの意味

図 4.6 を見てください。これは 5.2 節の実習の中で実際に出てくる plot_trace 関数の出力例です。

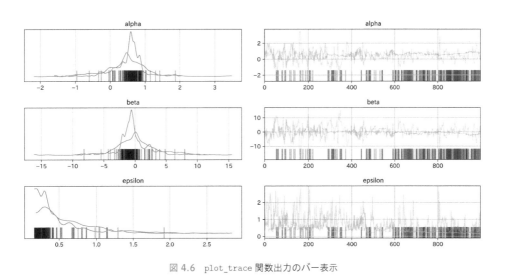

図 4.6　plot_trace 関数出力のバー表示

それぞれのグラフに、縦のバーが多数表示されています。これは**サンプリングの最中に divergence（発散）という事象が起きている**ことを意味します。

divergence の発生はゼロ件であることが望ましいです。この事象が起きた場合は、できる限りパラメータや確率モデルそのものの見直しなど、なんらかの対応をとるようにしてください。詳細については、下記リンク先を参照してください。

URL：https://bayesiancomputationbook.com/markdown/chp_02.html?highlight=divergences#divergences

短縮 URL：https://bit.ly/47FeTic

# ベイズ推論プログラミング

前章では、「**5 回のくじの試行結果から、当たりの確率を推論する**」という問題を PyMC を使って解きました。本章ではこの話を発展させて、より多くの問題を PyMC を使って解いていきます。

本章は「**どのような問題にベイズ推論が適用可能で、それぞれのケースで PyMC でどう実装すればいいか**」の説明に注力します。もう一段先のステップである「**ベイズ推論が業務観点でどのように活用できるのか**」については、6 章で改めて議論しますので、今はその点については考えなくて結構です。

本章全体を通じて、**アイリス・データセット**を題材として利用します。アイリス・データセットは図 5.1 にあるような **3 種類のあやめの花 (setosa, versicolor, virginica) の花弁 (petal) とがく片 (sepal) の長さ (length) と幅 (width)** を測定した結果を集めたデータです。

図 5.1　3 種類のあやめの花
画像出典：クリエイティブ・コモンズ・ライセンス (CC BY-SA) に従い利用しています
(setosa: Radomil、versicolor: Dlanglois、virginica: Flickr upload bot)。

実際のデータの一部は、表 5.1 のようになっています。

表 5.1　アイリス・データセットの一部

|  | sepal_length | sepal_width | petal_length | petal_width | species |
|---|---|---|---|---|---|
| 0 | 5.100 | 3.500 | 1.400 | 0.200 | setosa |
| 1 | 4.900 | 3.000 | 1.400 | 0.200 | setosa |
| 50 | 7.000 | 3.200 | 4.700 | 1.400 | versicolor |
| 51 | 6.400 | 3.200 | 4.500 | 1.500 | versicolor |
| 100 | 6.300 | 3.300 | 6.000 | 2.500 | virginica |
| 101 | 5.800 | 2.700 | 5.100 | 1.900 | virginica |

アイリス・データセットは、業務との関連は一切持てないデータである一方、とても扱いやすい構造化データ[注1] です。たった1組のデータセットで、ベイズ推論を使うとこんなにもさまざまな視点での分析が可能だという点もまた、本章を通じて学んでほしい点です。

表5.2 に、5章で取り扱う問題を整理して示しました。

表5.2　5章で取り扱う問題

| 節番号 | タイトル | 概要 |
|---|---|---|
| 5.1 | データ分布のベイズ推論 | 1つの花の、単項目のデータ分布を正規分布と仮定し、平均と標準偏差をベイズ推論で求める |
| 5.2 | 線形回帰のベイズ推論 | 2項目間の関係が1次関数であることを仮定し、1次関数の傾きと切片をベイズ推論で求める |
| 5.3 | 階層ベイズモデル | 少ないサンプル数の線形回帰のベイズ推論を、複数の花の種類に対してまとめて行う |
| 5.4 | 潜在変数モデル | 2つの花の、単項目のデータ分布が混在して観測されたときに、元の2つのデータ分布（正規分布）をそれぞれ推測する |

---

注1　データ分析の世界では、表形式のデータを構造化データと呼びます。対となる概念は、画像、テキスト、音声などに代表される非構造化データです。

# 5.1 データ分布のベイズ推論

## 5.1.1 問題設定

　それでは、最もシンプルなベイズ推論からはじめてみましょう。自然界のデータは近似的に正規分布に従うと見なせるものが多いです。本節では、アイリス・データセットのうち、**setosa の sepal_length のデータ分布が正規分布に従う**という仮定をおきます。そしてその前提のもとで、最も確かな分布の形を求めることを目標とします。データ分布が正規分布に従うという仮定が正しいかを確かめるため、2.3 節のコード 2.9 の結果のグラフを図 5.1.1 として改めて示します。

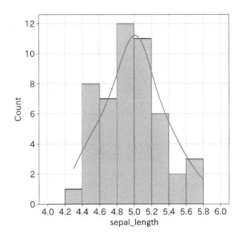

図 5.1.1　setosa の sepal_length の分布を調べた結果

　一部バラツキはあるものの、全体としては釣鐘型の分布になっており、正規分布で近似できそうな分布であることがわかりました。2.3 節で説明したとおり、正規分布は平均 ($\mu$) と標準偏差 ($\sigma$) によって特性が規定される分布です。**この 2 つのパラメータの確率分布を推測することが、このタスクでベイズ推論により行う内容**です。

## 5.1.2 データ準備

　まずはデータ準備から始めます。アイリス・データセットの入手方法はいろいろありますが、今回は seaborn[注2] の関数を使って入手する方法を選んでいます。読み込んだ後で、head 関数で先頭 5 件の中身を確認し、また、value_counts 関数を使って、どの種類の花のデータが何件あるかも確認しました。コード 5.1.1 が実装です。

---

注 2　Matplotlib と同様に主に可視化の領域でよく用いられるライブラリです。データ分析でよく用いられるデータセットを提供する機能も持っています。

コード 5.1.1　アイリス・データセットの読み込みと内容の確認

```
1    # アイリス・データセットの読み込み
2    df = sns.load_dataset('iris')
3
4    # 先頭 5 件の確認
5    display(df.head())
6
7    # species の分布確認
8    df['species'].value_counts()
```

▷ 実行結果（表）

|   | sepal_length | sepal_width | petal_length | petal_width | species |
|---|---|---|---|---|---|
| 0 | 5.100 | 3.500 | 1.400 | 0.200 | setosa |
| 1 | 4.900 | 3.000 | 1.400 | 0.200 | setosa |
| 2 | 4.700 | 3.200 | 1.300 | 0.200 | setosa |
| 3 | 4.600 | 3.100 | 1.500 | 0.200 | setosa |
| 4 | 5.000 | 3.600 | 1.400 | 0.200 | setosa |

▷ 実行結果（テキスト）

```
1    setosa        50
2    versicolor    50
3    virginica     50
4    Name: species, dtype: int64
```

　今回のベイズ推論の対象となる setosa の花は 50 件あることがわかりました。コード 5.1.2 では、このデータセットのうち、setosa の値のみ抽出し、sepal_length の値の分布をヒストグラムで確認しています。

コード 5.1.2　setosa のみを抽出しヒストグラムを描画

```
1    # setosa の行のみ抽出
2    df1 = df.query('species == "setosa"')
3
4    bins = np.arange(4.0, 6.2, 0.2)
5    # ヒストグラムを描画
6    sns.histplot(df1, x='sepal_length', bins=bins, kde=True)
7    plt.xticks(bins);
```

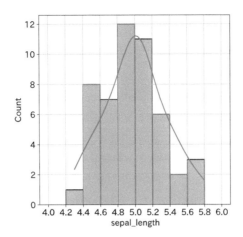

5

　コード 5.1.2 では seaborn の histplot 関数を用いてヒストグラムを描画しました。kde=True のオプションをつけることで、カーネル密度推定 (KDE：kernel density estimation) という手法によりヒストグラムの分布を近似した確率密度関数グラフも描画しています。ベイズ推論の結果得られた正規分布関数と、KDE による確率密度関数の形が近いかどうかが、本節の最後に確認すべき点となります。
　コード 5.1.3 では、ベイズ推論で観測値（observed パラメータ）として用いる変数 X の抽出と、結果の確認を行います。

コード 5.1.3　変数 X の抽出と値の確認

```
1    # sepal_length 列の抽出
2    s1 = df1['sepal_length']
3
4    # NumPy 変数の 1 次元配列に変換
5    X = s1.values
6
7    # 統計情報の確認
8    print(s1.describe())
9
10   # 値の確認
11   print(X)
```

▷ 実行結果（テキスト）

```
1    count    50.000
2    mean      5.006
3    std       0.352
4    min       4.300
5    25%       4.800
6    50%       5.000
7    75%       5.200
8    max       5.800
9    Name: sepal_length, dtype: float64
```

```
10    [5.100 4.900 4.700 4.600 5.000 5.400 4.600 5.000 4.400 4.900 5.400 4.800
11     4.800 4.300 5.800 5.700 5.400 5.100 5.700 5.100 5.400 5.100 4.600 5.100
12     4.800 5.000 5.000 5.200 5.200 4.700 4.800 5.400 5.200 5.500 4.900 5.000
13     5.500 4.900 4.400 5.100 5.000 4.500 4.400 5.000 5.100 4.800 5.100 4.600
14     5.300 5.000]
```

2 行目で df1 から sepal_length 列を抜き出し s1 に代入します。さらに 5 行目で NumPy 変数の 1
次元配列の値のみ抽出し、結果を変数 X に保存します。この変数 X が次の確率モデル定義の際に観測
値（observed パラメータ）で利用されることになります。

8 行目では、変数 s1 に対して describe 関数で各種統計データを計算し結果を表示しています。結
果から、件数が 50 件であること（count）、平均値がおおよそ 5.0 であること（mean）、主なデータ範
囲が 4.8 から 5.2 の間であること（25%, 75%）などが読み取れます。

11 行目では X の値そのものを表示しています。describe 関数の出力から読み取った内容と整合性
がとれていることが確認できました。これで**データ準備**のタスクが完了したことになります。

### 5.1.3 確率モデル定義

観測値 X の準備ができたので、確率モデル定義を検討します。今回の確率モデルにおいて、観測値
X を表現する確率モデルは正規分布であるとすでに決めています。正規分布のパラメータは平均（$\mu$）
を意味する mu と、標準偏差（$\sigma$）を意味する sigma の 2 つです。この 2 つの変数について**事前情報
が一切ない中で、別の確率モデルで事前分布を表現する必要**があります。具体的にどうしたかについ
ては図 5.1.2 で示します。

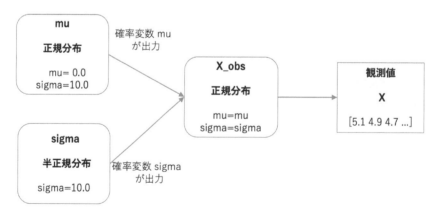

図 5.1.2　確率モデルの構造図

図 5.1.2 では、**予測対象となる正規分布の確率変数名**をチュートリアルのルールに準拠して X_obs
（obs は observed の略）としています。mu の事前分布用確率モデルとしては**正規分布**を、sigma の事
前分布用確率モデルとしては**半正規分布**を選択しました。正規分布の sigma の事前分布として半正規

分布を選ぶ理由は、2.6 節で説明したとおり、このパラメータが正の値である必要性によっています。慣れていないとわからないのが、確率変数 mu と sigma の事前分布パラメータをどうしたらいいかです。この点に関しては、「**目標としている確率変数値が事前分布でカバーできているか**」だけ注意して、できるだけおおざっぱな（広い範囲の）指定をするようにしてください。今回は、2 つの確率変数とも sigma=10.0 の指定によって、このことを実現しています。範囲を広げすぎても大丈夫かと多少心配になりますが、十分な数の観測値がある場合、ベイズ推論エンジンが適切な分布を見つけてくれるので、心配いりません。

図 5.1.2 の確率モデル構造を PyMC で実装すると、コード 5.1.4 になります。

コード 5.1.4　正規分布の確率モデル定義

```
1    model1 = pm.Model()
2
3    with model1:
4        mu = pm.Normal('mu',mu=0.0, sigma=10.0)
5        sigma = pm.HalfNormal('sigma', sigma=10.0)
6        X_obs = pm.Normal('X_obs', mu=mu, sigma=sigma, observed=X)
```

確率モデル定義ができたら、model_to_graphviz 関数で、確率モデル構造の可視化をするようにします。実装と結果は、コード 5.1.5 です。

コード 5.1.5　確率モデル構造の可視化

```
1    g = pm.model_to_graphviz(model1)
2    display(g)
```

▷ 実行結果（グラフ）

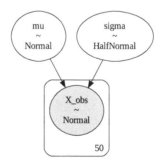

実行結果のグラフから次のようなことが読み取れます。

- 確率変数 mu の事前分布は正規分布、確率変数 sigma の事前分布は半正規分布
- 確率変数 X_obs の分布が正規分布（Normal）であり、2 つのパラメータ mu と sigma により確率モデルの構造が決まる
- 確率変数 X_obs は、50 個の観測値を持っている

コード 5.1.5 の結果グラフと、図 5.1.2、そしてコード 5.1.4 は同じベイズモデルを示しています。3 つの関係をしっかり理解するようにしてください。

## 5.1.4 サンプリング

確率モデル定義ができたら、次のステップはサンプリングです。複雑な確率モデルの場合、サンプリングでいくつかのパラメータ調整が必要な場合もありますが、今回は単純な確率モデルであるため、その配慮は不要です。コード 5.1.6 のようなシンプルなコードでサンプリングが可能です[注3]。

コード 5.1.6　サンプリング

```
1    with model1:
2        idata1 = pm.sample(random_seed=42)
```

▷ 実行結果

```
100.00% [2000/2000 00:01<00:00 Sampling chain 0, 0 divergences]
100.00% [2000/2000 00:01<00:00 Sampling chain 1, 0 divergences]
```

コード 5.1.6 のセルを実行すると、上のようなプログレスバーが表示されます。サンプリングは時間のかかる処理であるため、プログレスバーにより今までの処理時間、今後見込まれる処理時間がわかるようになっています。

## 5.1.5 結果分析

サンプリングが完了したら、サンプリング結果が保存されている idata1 を用いて分析します。最初に plot_trace 関数で、ベイズ推論が正常に行われたかを視覚的に確認します。実装と結果は次のコード 5.1.7 です。

コード 5.1.7　plot_trace 関数による分析

```
1    az.plot_trace(idata1, compact=False)
2    plt.tight_layout();
```

---

注 3　random_seed のパラメータは前にも説明したとおり、紙面と Notebook の実行結果を完全に一致させる目的でつけています。再現性が不要な実業務の場合は、このパラメータ指定も不要です。

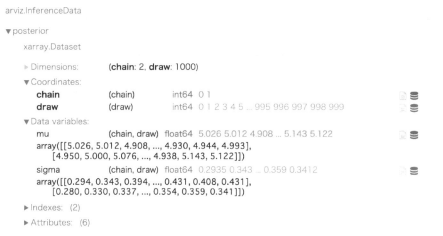

　左側のグラフは、それぞれのパラメータの確率分布を示しています。グラフはサンプル値系列別に描画されています。確認ポイントの1つは、サンプル値系列別のグラフの形がほぼ同じになっているかどうかです。同じになっている場合は、安定した確率分布が得られていると考えられ、ベイズ推論結果を信用して問題ないことを示唆します。今回のケースではパラメータ mu と sigma それぞれ2つの系列の波形がほぼ同じなので、ベイズ推論はうまくいっていると考えられます。

　右側のグラフは、それぞれの系列における何回目の繰り返し結果かを横軸に、そのときのパラメータ値を縦軸にした推移グラフです。確率分布として取り得る値の範囲をまんべんなく行き来している状態が望ましいです。逆に前半は小さな値ばかり、後半は大きな値ばかりといった、値の分布にバラツキがある場合は、確率モデルの設計に改善の余地のあることを意味します。今回のケースでは、こちらのグラフも問題ないと判断されます。

　コード 5.1.8 では、sample 関数で取得した idata1 の内容を直接確認しています。

コード 5.1.8　idata1 の内容確認

```
1    idata1
```

▷ 実行結果

```
arviz.InferenceData
  ▼ posterior
    xarray.Dataset
      ▶ Dimensions:        (chain: 2, draw: 1000)
      ▼ Coordinates:
        chain       (chain)      int64  0 1
        draw        (draw)       int64  0 1 2 3 4 5 ... 995 996 997 998 999
      ▼ Data variables:
        mu          (chain, draw)  float64  5.026 5.012 4.908 ... 5.143 5.122
        array([[5.026, 5.012, 4.908, ..., 4.930, 4.944, 4.993],
               [4.950, 5.000, 5.076, ..., 4.938, 5.143, 5.122]])
        sigma       (chain, draw)  float64  0.2935 0.343 ... 0.359 0.3412
        array([[0.294, 0.343, 0.394, ..., 0.431, 0.408, 0.431],
               [0.280, 0.330, 0.337, ..., 0.354, 0.359, 0.341]])
      ▶ Indexes:  (2)
      ▶ Attributes:  (6)
```

1.5.1 項でも説明したとおり（prior_samples を idata1 と読み替えます）、idata1 はデータ階層を持っていて、その中で今回ベイズ推論の対象にした 2 つのパラメータ mu と sigma の値も確認可能です。例えば、mu に関しては array([[5.026, 5.012, 4.908,…]]) となっています。この 1 つ 1 つの値が、ベイズ推論によって導出された個別のサンプル値であり、配列全体が、mu に対する確率分布を示していることになります。

コード 5.1.9 では、mu と sigma の 2 つのサンプル値の確率分布を plot_posterior 関数でヒストグラムにして可視化しています。

コード 5.1.9　plot_posterior 関数による分析

```
1    az.plot_posterior(idata1);
```

▷ 実行結果（グラフ）

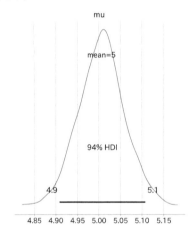
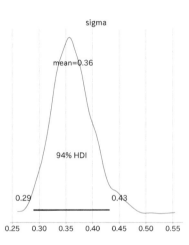

コード 5.1.10 ではサンプリング結果を summary 関数で統計分析しています。

コード 5.1.10　summary 関数による統計分析

```
1    summary1 = az.summary(idata1)
2    display(summary1)
```

▷ 実行結果（表）

| | mean | sd | hdi_3% | hdi_97% | mcse_mean | mcse_sd | ess_bulk | ess_tail | r_hat |
|---|---|---|---|---|---|---|---|---|---|
| mu | 5.006 | 0.053 | 4.908 | 5.108 | 0.001 | 0.001 | 1988.000 | 1081.000 | 1.000 |
| sigma | 0.364 | 0.038 | 0.289 | 0.432 | 0.001 | 0.001 | 1619.000 | 1201.000 | 1.010 |

mu の平均値は 5.006、sigma の平均値は 0.364 であることがわかります。また、94% HDI の範囲は、$4.908 \leq mu \leq 5.108$、$0.289 \leq sigma \leq 0.432$ であることも読み取れます。

4 章でも説明したとおり、summary 関数の出力からも、ベイズ推論が正常にできているかどうかを

確認することが可能です。mcse_mean は 0.01 以下、ess_bulk は 400 程度以上、r_hat は 1.01 以下が基準なので、今回は問題ないことがわかります。summary 関数の出力はデータフレーム形式です。よって、コード 5.1.11 のような形で mu と sigma の平均値を取り出すことができます。

コード 5.1.11　mu と sigma の平均値（mean）の取り出し

```
1    mu_mean1 = summary1.loc['mu','mean']
2    sigma_mean1 = summary1.loc['sigma','mean']
3
4    # 結果確認
5    print(f'mu={mu_mean1}, sigma={sigma_mean1}')
```

▷ 実行結果（テキスト）

```
1  │  mu=5.006, sigma=0.364
```

ここで抽出した mu_mean1 と sigma_mean1 の値は、5.1.6 項のグラフ描画で利用することになります。

## 5.1.6　ヒストグラムと正規分布関数の重ね描き

今回のベイズ推論では出発点として**アイリス・データセットのデータは正規分布に従う**という仮定をおき、この仮定が成り立つ前提で、最適な正規分布のパラメータに対する確率分布を求めました。ここで求めた最も確からしい正規分布のグラフを描画し、観測値のヒストグラムと重ね描きすることで、当てはめの正しさを確認します。

コード 5.1.12 は、正規分布関数（正規分布の確率密度関数）norm の定義です。

コード 5.1.12　正規分布関数

```
1    def norm(x, mu, sigma):
2        y = (x-mu)/sigma
3        a = np.exp(-(y**2)/2)
4        b = np.sqrt(2*np.pi)*sigma
5        return a/b
```

コード 5.1.12 では、正規分布のパラメータである mu と sigma はまだ変数の形のまま残しています。コード 5.1.13 では、正規分布関数 norm を利用して、ベイズ推論結果に基づく確率密度関数の関数値を計算し、グラフ描画の準備をします。

コード 5.1.13　ベイズ推論結果に基づく関数値計算

```
1    x_min = X.min()
2    x_max = X.max()
3    x_list = np.arange(x_min, x_max, 0.01)
4    y_list = norm(x_list, mu_mean1, sigma_mean1)
```

関数値を計算するにあたっては、コード 5.1.11 であらかじめ求めておいた、平均 mu と標準偏差 sigma のベイズ推論に基づく平均値である mu_mean1 と sigma_mean1 を利用しています。

コード 5.1.14 では、ベイズ推論結果に基づく正規分布関数と KDE 曲線、および元の観測値データのヒストグラムの重ね描きをします。

コード 5.1.14　ベイズ推論結果に基づく正規分布関数と KDE 曲線の重ね描き

```
1    delta = 0.2
2    bins=np.arange(4.0, 6.0, delta)
3    fig, ax = plt.subplots()
4    sns.histplot(df1, ax=ax, x='sepal_length',
5        bins=bins, kde=True, stat='probability')
6    ax.get_lines()[0].set_label('KDE 曲線 ')
7    ax.set_xticks(bins)
8    ax.plot(x_list, y_list*delta, c='b', label=' ベイズ推論結果 ')
9    ax.set_title(' ベイズ推論結果と KDE 曲線の比較 ')
10   plt.legend();
```

▷ 実行結果（グラフ）

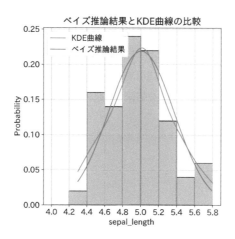

KDE 曲線とベイズ推論から導出した正規分布関数のグラフは非常に近い値をとっており、このことからも適切にベイズ推論が行われていると考えられます。

## 5.1.7　少ないサンプル数でのベイズ推論

ベイズ推論の大きな特徴の 1 つは、サンプル数が少ない、統計的に厳しい条件でも比較的精度の高い推論結果を返すことができる点です。そのことを、今回のデータを使って検証してみます。今回のアイリス・データセットでは同一種の花のデータは 50 件ありますが、これを先頭の 5 件のみに絞り込んでベイズ推論をしてみます。データ以外のところは、ここまで説明した手順と同じですので、細かい説明は省略し、大急ぎでベイズ推論まで進めます。

まずはデータの絞り込みをコード 5.1.15 で行います。

コード 5.1.15　データの絞り込み

```
1    # 先頭の 5 件だけにする
2    X_less = X[:5]
3
4    # 結果確認
5    print(X_less)
6
7    # 統計値確認
8    pd.Series(X_less).describe()
```

▷ 実行結果

```
1     [5.100 4.900 4.700 4.600 5.000]
2     count    5.000
3     mean     4.860
4     std      0.207
5     min      4.600
6     25%      4.700
7     50%      4.900
8     75%      5.000
9     max      5.100
10    dtype: float64
```

コード 5.1.16 では、確率モデル定義からサンプリングまで一気に行います。

コード 5.1.16　確率モデル定義とサンプリング

```
1    model2 = pm.Model()
2
3    with model2:
4        mu = pm.Normal('mu', mu=0.0, sigma=10.0)
5        sigma = pm.HalfNormal('sigma', sigma=10.0)
6        X_obs = pm.Normal('X_obs', mu=mu, sigma=sigma, observed=X_less)
7
8        # サンプリング
9        idata2 = pm.sample(random_seed=42)
```

コード 5.1.17 では、サンプリング結果から可視化を行います。

コード 5.1.17　サンプリング結果の可視化

```
1    az.plot_posterior(idata2);
```

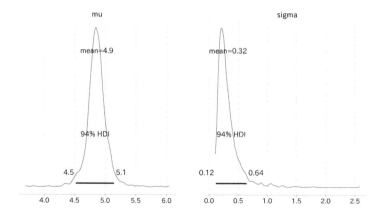

コード 5.1.18 では、先ほどと同様に、サンプリング結果から統計分析をします。

コード 5.1.18　サンプリング結果の統計分析

```
1    summary2 = az.summary(idata2)
2    display(summary2)
```

▷ 実行結果（表）

|  | mean | sd | hdi_3% | hdi_97% | mcse_mean | mcse_sd | ess_bulk | ess_tail | r_hat |
|---|---|---|---|---|---|---|---|---|---|
| mu | 4.866 | 0.171 | 4.524 | 5.149 | 0.009 | 0.006 | 616.000 | 469.000 | 1.000 |
| sigma | 0.325 | 0.198 | 0.118 | 0.645 | 0.009 | 0.007 | 584.000 | 561.000 | 1.000 |

　サンプル数を 1/10 の 5 個に減らしたのですが、mu、sigma とも平均値はサンプル数 50 個のときから大きく変わっていません。一方で 94% HDI の範囲は相当広がっており、これがデータ件数を減らしたことの影響になります。

## tau による確率モデルの定義

当コラムでは、pm.Normal クラスを呼び出すときのパラメータ指定方法について議論します。
下記リンク先にある pm.Normal クラスの API リファレンスを見ると、

- このクラスはインスタンス生成時に平均値 $\mu$ のほかに、$\sigma$ または $\tau$ のパラメータをとる
- ただし、$\sigma$ と $\tau$ はどちらか片方だけを指定する
- $\sigma$ と $\tau$ の間には次の関係式が成り立つ

$$\tau = \frac{1}{\sigma^2} \tag{5.1.1}$$

という記載があります。

https://www.pymc.io/projects/docs/en/latest/api/distributions/generated/pymc.Normal.html

このことを実習を通じて確認します。

コード 5.1.19 は、インスタンス生成時のパラメータを $\sigma$ から $\tau$ に差し替えた場合の、確率モデル定義とサンプリングの実装です。

コード 5.1.19　確率モデル定義とサンプリング（tau を利用した場合）

```
1    model3 = pm.Model()
2
3    with model3:
4        mu = pm.Normal('mu', mu=0.0, sigma=10.0)
5        tau = pm.HalfNormal('tau', sigma=10.0)
6        X_obs = pm.Normal('X_obs', mu=mu, tau=tau, observed=X)
7        sigma = pm.Deterministic('sigma', 1/pm.math.sqrt(tau))
8
9        # サンプリング
10       idata3 = pm.sample(random_seed=42)
```

5 行目から 7 行目が前のコードから変更した部分です。5 行目は変数名を sigma から tau に変更しました。6 行目のコンストラクタ呼び出しでは、今まで sigma=sigma だったパラメータ設定を tau=tau に変更しました。7 行目では、pm.Deterministic クラスのコンストラクタを呼び出し、式 (5.1.1) により sigma の確率分布も求めてみました。

サンプリング結果の可視化と、その結果はコード 5.1.20 に示します。

コード 5.1.20　サンプリング結果の可視化

```
1    az.plot_posterior(idata3);
```

▷ 実行結果（グラフ）

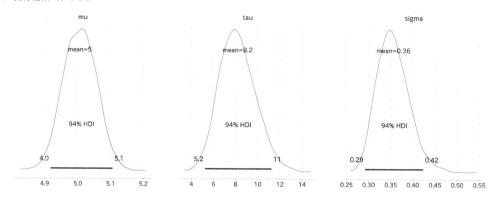

　この結果をコード 5.1.9 の結果と比べてください。平均値 mu の分布については、ほぼ同等の結果になっていることがわかります。また、tau から式 (5.1.1) で導出した sigma の分布も、コード 5.1.9 の結果と大きな違いはありません。結論として、今回の実習ケースの場合は、確率モデルのパラメータとして理解しやすい sigma を用いた実装がわかりやすさの観点でよいといえます。しかし、確率モデルの構造によっては、結果に大きな違いが出る場合もあります。その具体的なケースは 5.4 節で改めて説明します。

　普段と違うパラメータで確率モデルの記述をすることが可能な確率分布クラスとして、ベルヌーイ分布があります。2.1 節で説明したように、ベルヌーイ分布においては、確率値 p がパラメータになるのですが、これ以外に logit_p を指定する場合もあります。この事例については、6.3 節で詳しい説明をします。

## 5.2　線形回帰のベイズ推論

### 5.2.1　問題設定

　次に紹介するのは、線形回帰をベイズ推論で行うアプローチです。ベイズ推論を用いて線形回帰を行うと、業務上どんなメリットがあるかについては、6.2 節で具体例を通じて紹介します。本節では、「線形回帰をベイズ推論で行う」という方針は定まったという前提で、具体的に**どのような実装方法でその目的を実現するか**に特化して説明をしていきます。

　本節でも、分析対象データとしては**アイリス・データセット**を用います。花の大きさは個体差がありますが、大きな花は花弁の長さも幅も大きいですし、逆に小さな花は花弁の長さも幅も小さいはずです。つまり、同じ花の種類同士で比較した場合、アイリス・データセットにおける 4 つの項目値の間には正の相関があり、最も簡単な近似として、**2 つの項目間の関係は 1 次関数で近似できる**という仮説が成り立ちそうです。

　この仮説が成り立つことを前提とした上で、**1 次関数の傾きと切片の取り得る値をベイズ推論で確率的に調べる**ということを本節で取り扱う問題の設定とします。具体的には、**versicolor**という花の、**がく片の長さ（sepal_length）と幅（sepal_width）の関係を 1 次関数近似**することにします。5.1 節の問題との関係を整理すると、5.1 節では**「特定項目の観測値の統計的性質をベイズ推論で求める」**という問題であったのに対して、5.2 節では**「2 つの項目の観測値の関係性を示すパラメータをベイズ推論で求める」**ということになります。

### 5.2.2　データ準備

　データ準備の最初のステップは、5.1 節のコード 5.1.1 とまったく同じです。データの状況は改めて示したいので、「再掲」の形で以下に記載します。

コード 5.1.1（再掲）　アイリス・データセットの読み込みと内容の確認

```
1    # アイリス・データセットの読み込み
2    df = sns.load_dataset('iris')
3
4    # 先頭 5 件の確認
5    display(df.head())
6
7    # species の分布確認
8    df['species'].value_counts()
```

|  | sepal_length | sepal_width | petal_length | petal_width | species |
|---|---|---|---|---|---|
| 0 | 5.100 | 3.500 | 1.400 | 0.200 | setosa |
| 1 | 4.900 | 3.000 | 1.400 | 0.200 | setosa |
| 2 | 4.700 | 3.200 | 1.300 | 0.200 | setosa |
| 3 | 4.600 | 3.100 | 1.500 | 0.200 | setosa |
| 4 | 5.000 | 3.600 | 1.400 | 0.200 | setosa |

▷ 実行結果（テキスト）

```
1   setosa        50
2   versicolor    50
3   virginica     50
4   Name: species, dtype: int64
```

　今回は、この中で花の種類としては versicolor を、線形関係を求める項目としては sepal_length と sepal_width を用いることとします。コード 5.2.1 でデータ抽出の実装コードを、コード 5.2.2 で注目した 2 つの項目間の散布図を描画します。

コード 5.2.1　分析対象データ抽出

```
1   # versicolor の行のみ抽出
2   df1 = df.query('species == "versicolor"')
3
4   # sepal_length と sepal_width の列を抽出
5   X = df1['sepal_length']
6   Y = df1['sepal_width']
```

コード 5.2.2　分析対象項目間の散布図表示

```
1   plt.title('2 つの項目間の関係 ')
2   plt.scatter(X, Y, label=' ベイズ推論で利用 ', c='b', marker='o')
3   plt.legend()
4   plt.xlabel('sepal_length')
5   plt.ylabel('sepal_width');
```

▷ 実行結果（グラフ）

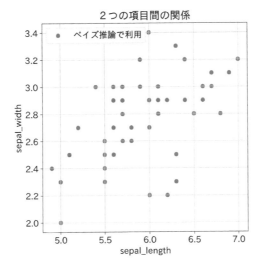

5.2.1 項で想定した仮説どおり、**2つの項目間には正の相関がありそう**なことがわかりました。**この関係性を1次関数で近似する**ことを、ベイズ推論により進めていきます。

### 5.2.3 確率モデル定義1

まず、sepal_length を変数 $X$ で、sepal_width を変数 $Y$ で表現します。2つの変数はそれぞれ $n$ 個ずつの値を持つものとします。つまり2つの変数列 $\{X_n\}$ と $\{Y_n\}$ が存在することになります。このとき、2つの変数列の間で1次近似が可能であることは、次のような数式で表現可能です。

$$Y_n = \alpha X_n + \beta + \epsilon_n \tag{5.2.1}$$

線形回帰の数式 (5.2.1) において、1次関数の計算結果である $\alpha X_n + \beta$ がぴったり $Y_n$ に一致することはなく、必ず誤差があります。ここで、**誤差 $\epsilon_n$ は標準偏差 epsilon の正規分布に従う**という仮定をおくことにします[注4]。

この仮定のもとに、$\alpha$、$\beta$、$\epsilon_n$ と観測値 $Y$ の関係を図に示すと、図 5.2.1 のようになります。

---

注4　図 5.2.1 では、今までの例と異なり sigma=1.0 と $\epsilon$ の事前分布のバラツキを小さめの値に設定しています。この事前分布の設定は PyMC チュートリアルのサンプルコードの例にならっています。実験してもらうとわかりますが、この実習に限定していうと、事前分布を sigma=1.0 にしても sigma=10.0 にしても事後分布はほぼ同じ形に収束します。しかし、5.2.7 項で説明する、より厳しい条件でのベイズ推論の場合、結果の安定性が多少異なってきます。sigma=1.0 の設定とすることは「$Y$ を $X$ の1次関数として近似した場合の誤差の絶対値はおおよそ1以内に収まる」という前提をおくことを意味していて、観測値の値から無理な設定ではないと考えられます。

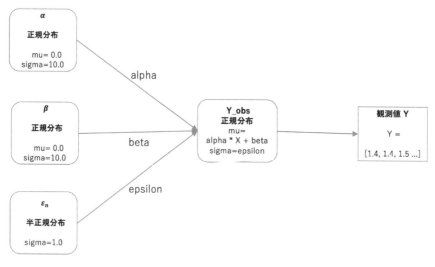

図 5.2.1　確率モデルの構造図 1

　上の確率モデル構造を PyMC で実装すると、コード 5.2.3 になります。

コード 5.2.3　線形回帰の確率モデル定義 1

```
1    model1 = pm.Model()
2
3    with model1:
4        # 確率変数 alpha、beta の定義（1 次関数の傾きと切片）
5        alpha = pm.Normal('alpha', mu=0.0, sigma=10.0)
6        beta = pm.Normal('beta', mu=0.0, sigma=10.0)
7
8        # 平均値 mu の計算
9        mu = alpha * X + beta
10
11       # 誤差を示す確率変数 epsilon の定義
12       epsilon = pm.HalfNormal('epsilon', sigma=1.0)
13
14       # 観測値を持つ確率変数は Y_obs として定義
15       Y_obs= pm.Normal('Y_obs', mu=mu, sigma=epsilon, observed=Y)
```

　いつものように、確率モデル構造の可視化をします。実装と結果は次のコード 5.2.4 です。

コード 5.2.4　確率モデル構造の可視化 1

```
1    g = pm.model_to_graphviz(model1)
2    display(g)
```

▷ 実行結果（グラフ）

コード 5.2.3 およびコード 5.2.4 の結果グラフについて追加で説明します。今回の問題では、X と Y は要素数 50 の配列です。正規分布の確率変数 Y_obs も 50 の要素を持ちます。

ここで、要素数が 1 つしかない、確率変数 alpha, beta, epsilon がどのタイミングで要素数 50 と対応づくのかを考えます。alpha, beta に関しては、コード 5.2.3 の 9 行目がその答えです。この計算で出てくる変数 X は要素数 50 の配列であり、ブロードキャスト機能により変数 mu は要素数が 50 になっています。

では、変数 epsilon はどうなのか。今度はコード 5.2.3 の 15 行目が答えになります。15 行目のコンストラクタで引数になっている mu と Y はどちらも要素数 50 の配列です。epsilon のみがスカラー変数ですが、このような場合、ブロードキャスト機能の働きで、epsilon は同じ値がコピーされ他の引数と同じ要素数 50 の配列に自動的に変換されます。

ここで定義した確率モデルに対してこのままサンプリングをすれば、ベイズ推論を進めること自体は可能です。しかし、1 つ改善したい点があります。Y と並んで重要な観測値である X が、上の可視化結果に出てこない点です。確率モデル定義 2 では、その対応を行うことにします。

## 5.2.4 確率モデル定義 2

コード 5.2.5 が、前項の要改善点に対応した確率モデル定義です。

コード 5.2.5　線形回帰の確率モデル定義 2

```
 1    model2 = pm.Model()
 2
 3    with model2:
 4        # X, Y の観測値を ConstantData として定義
 5        X_data = pm.ConstantData('X_data', X)
 6        Y_data = pm.ConstantData('Y_data', Y)
 7
 8        # 確率変数 alpha、beta の定義（1 次関数の傾きと切片）
 9        alpha = pm.Normal('alpha', mu=0.0, sigma=10.0)
10        beta = pm.Normal('beta', mu=0.0, sigma=10.0)
11
12        # 平均値 mu の計算
```

```
13        mu = pm.Deterministic('mu', alpha * X_data + beta)
14
15        # 誤差を示す確率変数 epsilon の定義
16        epsilon = pm.HalfNormal('epsilon', sigma=1.0)
17
18        # 観測値を持つ確率変数は obs として定義
19        obs = pm.Normal('obs', mu=mu, sigma=epsilon, observed=Y_data)
```

　コード 5.2.5 では、コード 5.2.3 と比較して 5 行目と 6 行目が追加に、13 行目が変更になっています。5 行目と 6 行目では、pm.ConstantData という新しいクラスのコンストラクタが使われています。このクラスは、読んで字のごとく、定数データを PyMC で表現するためのクラスです。この 2 行の定義により観測値を表す変数 X と Y は、PyMC 上の X_data と Y_data で表現されるようになりました。

　13 行目では mu を計算することは同じなのですが、mu が確率変数としても表現されている点がコード 5.2.3 との違いです。PyMC では、このような**計算の途中経過の確率変数**を表現するためには pm.Deterministic クラスが用いられます。

　では、このように定義を変更した後の確率モデル定義に対する可視化結果はどうなるのでしょうか。コード 5.2.6 に実装と結果を示します[注5]。

コード 5.2.6　確率モデル構造の可視化 2

```
1     g = pm.model_to_graphviz(model2)
2     display(g)
```

▷ 実行結果（グラフ）

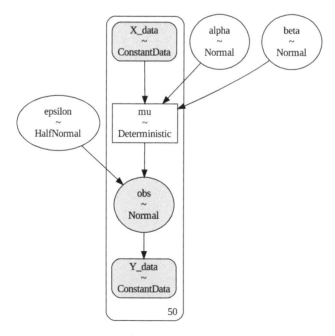

---

注5　可視化の結果は、紙面と Notebook で異なる場合があります。具体的には alpha、beta、epsilon の位置が紙面と左右逆になる場合があります。この図の意味はノード間の関係性を示すところにあり、左右の位置は本質的な情報ではないので、確率モデルの可視化結果に関しては、その点を意識して見るようにしてください。

今度の可視化結果からは

- ベイズ推論の対象となる確率変数は alpha、beta、epsilon の 3 つである（丸いアイコンで示されます）
- X_data と Y_data は観測値に基づく定数データである（pm.ConstantData によって生成された定数データは角が丸い四角形のアイコンで示されます）
- mu の計算には、X_data と alpha、beta が用いられている（pm.Deterministic で定義される、計算で導出される確率変数は四角アイコンで示されます）
- X_data 、Y_data、mu、obs はそれぞれ要素数 50 の配列である
- 正規分布の確率変数 obs の生成には、mu と epsilon がパラメータとして用いられている
- 正規分布の確率変数 obs は、Y_data を観測値として用いている

などが読み取れます。

コード 5.2.4 の可視化結果と比較して、情報量が増え、確率モデルの構造を読み取りやすくなりました。また、さきほど別途説明した確率変数 alpha, beta, epsilon がどのタイミングで要素数 50 になるかも、図から直感的に理解できるようになりました。

この確率モデルに関して、図 5.2.1 と同様の確率モデル構造図を起こすと、図 5.2.2 のようになります。コード 5.2.5 の確率モデル実装およびコード 5.2.6 の可視化結果と見比べて、各要素の関係を理解するようにしてください。

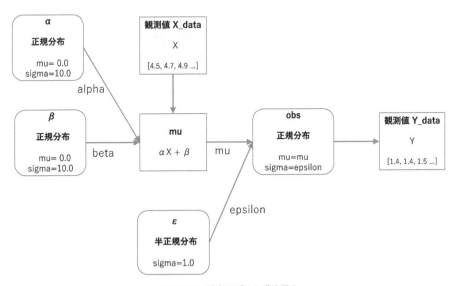

図 5.2.2　確率モデルの構造図 2

## 5.2.5 サンプリングと結果分析

　前項までで確率モデル定義は完了しました。ベイズ推論の次のステップはサンプリングです。実装コードはコード 5.2.7 になります。今までと同じ呼び出し方であり、特筆すべき点はないので解説は省略します。

コード 5.2.7　サンプリング

```
1    with model2:
2        idata2 = pm.sample(random_seed=42)
```

　サンプリングが完了したら、いつものように、plot_trace 関数を用いてサンプリングが適切に行われたかを確認します。実装と結果は、コード 5.2.8 です。

コード 5.2.8　plot_trace 関数による分析

```
1    az.plot_trace(idata2, compact=False, var_names=['alpha', 'beta', 'epsilon'])
2    plt.tight_layout();
```

▷ 実行結果（グラフ）

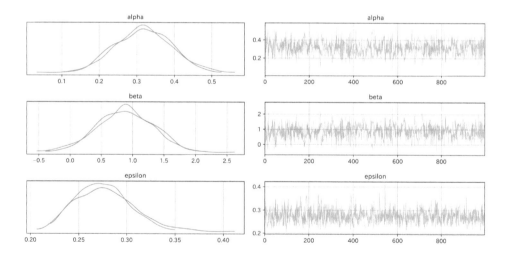

　今回の確率モデルでは途中経過として mu も計算していますが、確率分布として関心があり、グラフ表示したいのは、alpha、beta、epsilon の 3 つです。このように、グラフ表示したい確率変数を絞り込みたい場合、plot_trace 関数呼び出しで、var_names=['alpha', 'beta', 'epsilon'] のように var_names パラメータを追加します。左側の 3 つのグラフを見たときに、2 つのサンプル値系列の波形の違いはほぼありません。また、右側の 3 つのグラフでも、値の分布は均等にばらけているようです。結論として正しいベイズ推論ができているとわかります。

次に、ベイズ推論により求められたサンプル値から、各パラメータの確率分布の様子を可視化します。実装と結果はコード 5.2.9 です。

コード 5.2.9　`plot_posterior` 関数による可視化

```
1    az.plot_posterior(idata2, var_names=['alpha', 'beta', 'epsilon']);
```

▷ 実行結果（グラフ）

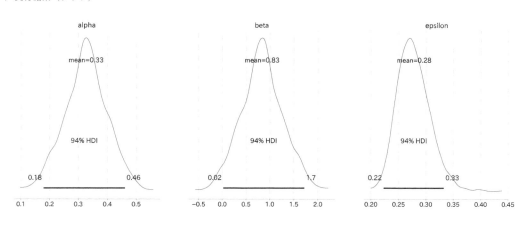

今回もベイズ推論の結果で特に関心があるのは、`alpha`、`beta`、`epsilon` の 3 つです。そこで `var_names=['alpha', 'beta', 'epsilon']` のオプションをつけて、表示対象を絞り込んでいます。上の結果から、傾きに関しては 0.3 程度、切片に関しては 0.8 程度の値であることがわかりました。

## 5.2.6 散布図と回帰直線の重ね描き

ベイズ推論によって得られたサンプル値の集合である `idata2` には、「**観測値が得られる可能性のある回帰直線の傾きと切片のペア**」がサンプル数だけ含まれています。コード 5.2.10 では、`idata2` からこの「回帰直線の傾きと切片のペア」を取り出し、回帰直線描画の準備をしています。

コード 5.2.10　個別のサンプルにおける回帰直線予測値の計算

```
1    # x の 2 点を NumPy 配列にする
2    x_values = np.array([X.min()-0.1, X.max()+0.1])
3    print(x_values, x_values.shape)
4
5    # サンプリング結果から alpha と beta を取り出し shape を加工する
6    alphas2 = idata2['posterior']['alpha'].values.reshape(-1, 1)
7    betas2 = idata2['posterior']['beta'].values.reshape(-1, 1)
8
9    # shape の確認
10   print(alphas2.shape, betas2.shape)
11
```

```
12      # 2000 パターンそれぞれで、2 点の 1 次関数値の計算
13      y_preds = x_values * alphas2 + betas2
14      print(y_preds.shape)
```

▷ 実行結果

```
1   [4.800 7.100] (2,)
2   (2000, 1) (2000, 1)
3   (2000, 2)
```

　2 行目では、1 次関数の入力になる X の最小値より少し小さい値と、最大値より少し大きい値を values に設定しています。結果は [4.80, 7.10] になりました。6 行目と 7 行目では、サンプリング結果 idata2 から alpha と beta の値を抽出し、reshape 関数で shape を (2000, 1) の形にしました。このような準備をしておくと、NumPy のブロードキャスト機能が活用できる形になり、13 行目のプログラム 1 行で、2000 組すべての回帰直線の y 座標値を一気に計算できます。得られた y_preds を用いると、2000 パターンすべての回帰直線を重ね描きすることが可能です。

　コード 5.2.11 は、ベイズ推論の元となった 50 個の点の散布図と 2000 組すべての回帰直線を重ね描きするためのものです。

コード 5.2.11　散布図と回帰直線の重ね描き

```
1   for y_pred in y_preds:
2       plt.plot(x_values, y_pred, lw=1, alpha=0.01, c='g')
3   plt.scatter(X, Y)
4   plt.title('ベイズ推論による回帰直線 ')
5   plt.xlabel('sepal_length')
6   plt.ylabel('sepal_width');
```

▷ 実行結果（グラフ）

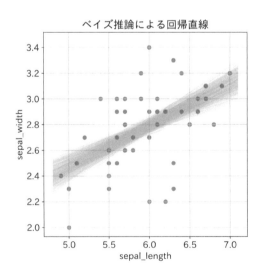

最尤推定などを用いると 1 本の直線で表現される**回帰直線が、幅を持った状態で示されている**ことがわかります。濃淡は、その近傍に**回帰直線が存在する確率の高さ**を示しています。これが、今回の目的であった「**線形回帰をベイズ推論で行う**」の結果を視覚的にわかりやすく表現した結果となります。

## 5.2.7 少ない観測値でのベイズ推論

今までは、アイリス・データセットの特定の花の種類 (versicolor) の 50 個すべての観測値を使ってベイズ推論を行ってきました。通常、ベイズ推論はもっと観測値の数の少ない、予測にとって厳しい条件で行われることが多いです。本項では、サンプル数をあえて 3 個と少ない状態に減らしてベイズ推論を実行します。コード 5.2.12 により、観測値をランダム抽出した 3 個に絞り込みます。

コード 5.2.12　観測値数の絞り込み

```
1   # 乱数により 3 個のインデックスを生成
2   import random
3   random.seed(42)
4   indexes =range(len(X))
5   sample_indexes=random.sample(indexes, 3)
6   print('インデックス値 ', sample_indexes)
7
8   # データ数を 3 個にする
9   X_less = X.iloc[sample_indexes]
10  Y_less = Y.iloc[sample_indexes]
11  print('x の値 ', X_less.values)
12  print('y の値 ', Y_less.values)
```

▷ 実行結果

```
1   インデックス値 [40, 7, 1]
2   x の値 [5.500 4.900 6.400]
3   y の値 [2.600 2.400 3.200]
```

3 行目では、結果が常に紙面と同じになるよう乱数のシードを明示的に指定しています。新しい観測値の変数名は X_less, Y_less としました。

コード 5.2.13 では、抽出した 3 個の観測値を散布図として描画しています。

コード 5.2.13　抽出した 3 点の散布図表示

```
1   plt.title('sepal_length と sepal_width の関係 ')
2   plt.scatter(X_less, Y_less, label=' ベイズ推論で利用 ', c='b', marker='o')
3   plt.legend()
4   plt.xlabel('sepal_length')
5   plt.ylabel('sepal_width');
```

▷ 実行結果（グラフ）

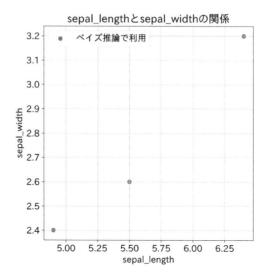

sepal_lengthとsepal_widthの関係

コード5.2.14では確率モデル定義とサンプリングを一気に行いました。

コード 5.2.14　確率モデル定義とサンプリング

```
1    model3 = pm.Model()
2
3    with model3:
4        # X，Y の観測値を ConstantData として定義
5        X_data = pm.ConstantData('X_data', X_less)
6        Y_data = pm.ConstantData('Y_data', Y_less)
7
8        # 確率変数 alpha、beta の定義（1 次関数の傾きと切片）
9        alpha = pm.Normal('alpha', mu=0.0, sigma=10.0)
10       beta = pm.Normal('beta', mu=0.0, sigma=10.0)
11
12       # 平均値 mu の計算
13       mu = pm.Deterministic('mu', alpha * X_data + beta)
14
15       # 誤差を示す確率変数 epsilon の定義
16       epsilon = pm.HalfNormal('epsilon', sigma=1.0)
17
18       # 観測値を持つ確率変数は obs として定義
19       obs = pm.Normal('obs', mu=mu, sigma=epsilon, observed=Y_data)
20
21       # サンプリング
22       idata3 = pm.sample(random_seed=42, target_accept=0.995)
```

sample 関数呼び出し時に target_accept パラメータが追加になっています。その目的については、

本節最後のコラムで解説するので、そちらを読むようにしてください<sup>注6</sup>。

次にいつものように plot_trace 関数でベイズ推論の様子を確認します。実装と結果はコード5.2.15です。

コード 5.2.15　plot_trace 関数でベイズ推論結果の確認

```
1  az.plot_trace(idata3, compact=False, var_names=['alpha', 'beta', 'epsilon'])
2  plt.tight_layout();
```

▷ 実行結果（グラフ）

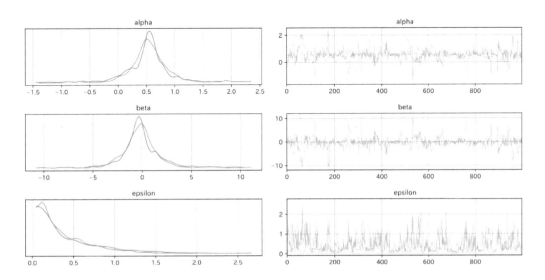

今回のベイズ推論は観測値が3個しかないという、難しい条件のものです。誤差を意味するepsilon がときどき大きな値になってしまっていますが、主目的の alpha と beta に関しては、左側の確率密度関数の波形が2つのサンプル値系列でほぼ同じとなっており、満足のいく結果となりました。

コード 5.2.16 では、コード 5.2.11 のときと同じで、散布図と回帰直線の重ね描きをしています。

コード 5.2.16　散布図と回帰直線の重ね描き

```
1  # x の 2 点を NumPy 配列にする
2  x_values = np.array([X_less.min()-0.1, X_less.max()+0.1])
3
4  # サンプル値から alpha と beta を取り出し shape を加工する
5  alphas3 = idata3['posterior']['alpha'].values.reshape(-1, 1)
6  betas3 = idata3['posterior']['beta'].values.reshape(-1, 1)
7
8  # 2000 パターンそれぞれで、2 点の 1 次関数値の計算
```

---

注6　このパラメータを追加した関係で、今までと比較するとベイズ推論に時間がかかるようになった点に注意してください。

```
 9    y_preds = x_values * alphas3 + betas3
10
11    # 2000 組の直線を散布図と同時表示
12    for y_pred in y_preds:
13        plt.plot(x_values, y_pred, lw=1, alpha=0.01, c='g')
14    plt.scatter(X_less, Y_less)
15    plt.ylim(1.75, 3.75)
16    plt.title(' ベイズ推論による回帰直線 ')
17    plt.xlabel('sepal_length')
18    plt.ylabel('sepal_width');
```

▷ 実行結果（グラフ）

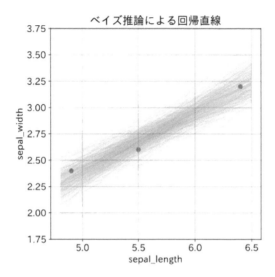

　今回は 3 個しか観測値がなかったため、回帰直線の分布もかなりぼんやりしています。この条件の場合、いろいろなパターンの回帰直線が可能性としてありうることがグラフで示されています。

## target_accept によるチューニング

5.2.7 項の実習で sample 関数呼び出し時に、なぜ target_accept パラメータを利用したかを確認します。検証のためには、このオプションなしで sample 関数を呼び出すとどうなるかを試すのが一番簡単です。コード 5.2.17 で試してみます。

コード 5.2.17　確率モデル定義とサンプリング（target_accept パラメータなし）

```
 1    model4 = pm.Model()
 2
 3    with model4:
 4        # X, Y の観測値を ConstantData として定義
 5        X_data = pm.ConstantData('X_data', X_less)
 6        Y_data = pm.ConstantData('Y_data', Y_less)
 7
 8        # 確率変数 alpha、beta の定義（1 次関数の傾きと切片）
 9        alpha = pm.Normal('alpha', mu=0.0, sigma=10.0)
10        beta = pm.Normal('beta', mu=0.0, sigma=10.0)
11
12        # 平均値 mu の計算
13        mu = pm.Deterministic('mu', alpha * X_data + beta)
14
15        # 誤差を示す確率変数 epsilon の定義
16        epsilon = pm.HalfNormal('epsilon', sigma=1.0)
17
18        # 観測値を持つ確率変数は obs として定義
19        obs = pm.Normal('obs', mu=mu, sigma=epsilon, observed=Y_data)
20
21        # サンプリング
22        idata4 = pm.sample(random_seed=42)
```

　コード 5.2.14 とコード 5.2.17 の違いは、22 行目の sample 関数呼び出しの際に、target_accept パラメータがあるかどうかだけです。できた idata4 に対して、いつものように plot_trace 関数をかけた結果が、コード 5.2.18 になります。

コード 5.2.18　plot_trace 関数でベイズ推論結果の確認

```
 1    az.plot_trace(idata4, compact=False, var_names=['alpha', 'beta', 'epsilon'])
 2    plt.tight_layout();
```

▷ 実行結果（グラフ）

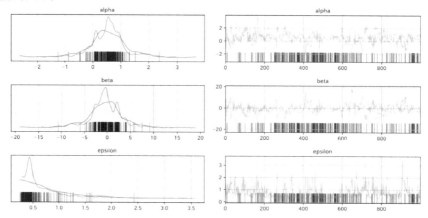

いつもとはだいぶ様子の違うグラフになりました。まず、気になるのは、それぞれのグラフ下部に多数表示されているバーです。4章コラムで説明したとおり、これはサンプリングの最中にdivergence（発散）という事象が起きていることを意味しています。また、alphaとbetaの左側のグラフで、2つのサンプル値系列でグラフの形が大きく異なることにも注目してください。これらの事象はいずれも、ベイズ推論がうまくいっていないことを意味しています。

あるいは、ベイズ推論の収束が不十分であることは、次のコード5.2.19の実行結果からも読み取れます。

コード 5.2.19　summary 関数でベイズ推論結果の確認

```
1    summary4 = az.summary(idata4, var_names=['alpha', 'beta', 'epsilon'])
2    display(summary4)
```

▷ 実行結果（表）

|  | mean | sd | hdi_3% | hdi_97% | mcse_mean | mcse_sd | ess_bulk | ess_tail | r_hat |
|---|---|---|---|---|---|---|---|---|---|
| alpha | 0.539 | 0.694 | -0.771 | 1.998 | 0.064 | 0.045 | 105.000 | 164.000 | 1.020 |
| beta | -0.286 | 3.920 | -8.304 | 7.087 | 0.359 | 0.255 | 107.000 | 181.000 | 1.020 |
| epsilon | 0.744 | 0.460 | 0.258 | 1.683 | 0.060 | 0.043 | 37.000 | 115.000 | 1.020 |

実行結果のうち、一番右の r_hat の値に注目してください。ベイズ推論がうまくいっているかどうかの判断基準の1つとして、r_hat の値が 1.01 以下というものがありましたが、この例ではその値を上回っていることがわかります。

sample 関数の target_accept パラメータはまさにこのような事象が起きた場合に有効なパラメータです。デフォルト値は 0.80 なのですが、この値を 1 に近づけることにより、複雑な、あるいは厳しい条件のベイズ推論の計算がうまくいく場合があります。0.90, 0.95, 0.98, 0.99, 0.995 などが、このような場合に試して意味のある値になります。

一般的に、`target_accept`パラメータ値を 1 に近づけるほど、計算には時間がかかるようになります。計算にかかる時間と、計算結果の質とはトレードオフの関係にあるので、その点は理解して使うようにしてください。また、このパラメータはすべての問題への万能薬でない点も理解してください。前提の確率モデルの構造自体に問題がある場合は、このパラメータを調整してもよい結果は得られません。このような場合、確率モデルの構造そのものの見直しが必要になります。

　念のため、この時点で得られたサンプルデータを用いて回帰直線を描画したコードと結果が、コード 5.2.20 です。

コード 5.2.20　散布図と回帰直線の重ね描き

```
1   # x の 2 点を NumPy 配列にする
2   x_values = np.array([X_less.min()-0.1, X_less.max()+0.1])
3
4   # サンプル値から alpha と beta を取り出し shape を加工する
5   alphas4 = idata4['posterior']['alpha'].values.reshape(-1, 1)
6   betas4 = idata4['posterior']['beta'].values.reshape(-1, 1)
7
8   # 2000 パターンそれぞれで、2 点の 1 次関数値の計算
9   y_preds = x_values * alphas4 + betas4
10
11  # 2000 組の直線を散布図と同時表示
12  for y_pred in y_preds:
13      plt.plot(x_values, y_pred, lw=1, alpha=0.01, c='g')
14  plt.scatter(X_less, Y_less)
15  plt.ylim(1.75, 3.75)
16  plt.title(' ベイズ推論による回帰直線 ')
17  plt.xlabel('sepal_length')
18  plt.ylabel('sepal_width');
```

▷ 実行結果（グラフ）

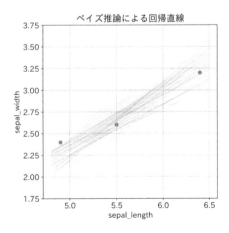

　コード 5.2.16 の結果と比較すると、回帰直線の分布が広い範囲にわたっており、予測精度が不十分であることが読み取れます。

# 5.3 階層ベイズモデル

本節と次節では、やや複雑なベイズモデルを取り扱います。どちらの場合も、確率分布を想定する確率モデルから、観測値との対応づけが可能な確率モデルの間に、**もう一段階、別の確率モデルが介在**する点が、複雑さの要因です。言葉の説明だけでは理解しにくい点なので、実例に基づいて理解を進めるようにしてください。

このうち、本節で取り扱うのは**階層ベイズモデル**です。

## 5.3.1 問題設定

5.2 節では一番最後にたった 3 つしか観測値がない状態で線形回帰のベイズ推論をやってみました。こんな厳しい条件でも何とか推論結果を出してしまうところがベイズ推論のよいところではあるのですが、たった 3 点しか使えないと予測結果の精度にも限界があります。

そこで、アイリス・データセットを対象にこんなことを考えてみます。分析対象の versicolor に関しては 3 つしかデータがないが、似た傾向のデータであることがわかっている setosa と virginica についても、それぞれ 3 つずつ観測値がある。これらのデータもベイズ推論に活用できないか。

このときに活用できるのが、これから紹介する階層ベイズモデルです。本節の実習は、今説明した問題設定に基づいてベイズ推論を行っていくことにします。

## 5.3.2 データ準備

本節の実習では、上で説明した問題設定に沿ったデータを、アイリス・データセットから抽出することがデータ準備の具体的な内容となります。それでは順番に進めてみましょう。出発点となるアイリス・データセットは、5.1 節・5.2 節とまったく同じものを利用します。解説は省略し、データ取得コードと結果のみ「再掲」の形で示します。

コード 5.1.1（再掲） アイリス・データセットの読み込みと内容の確認

```
1    # アイリス・データセットの読み込み
2    df = sns.load_dataset('iris')
3
4    # 先頭 5 件の確認
5    display(df.head())
6
7    # species の分布確認
8    df['species'].value_counts()
```

| | sepal_length | sepal_width | petal_length | petal_width | species |
|---|---|---|---|---|---|
| 0 | 5.100 | 3.500 | 1.400 | 0.200 | setosa |
| 1 | 4.900 | 3.000 | 1.400 | 0.200 | setosa |
| 2 | 4.700 | 3.200 | 1.300 | 0.200 | setosa |
| 3 | 4.600 | 3.100 | 1.500 | 0.200 | setosa |
| 4 | 5.000 | 3.600 | 1.400 | 0.200 | setosa |

▷ 実行結果（テキスト）

```
1   setosa         50
2   versicolor     50
3   virginica      50
4   Name: species, dtype: int64
```

本節も、項目として利用するのは前節と同じ sepal_length と sepal_width です。この 2 つの項目間の回帰式を求めることが目的である点も前節と同じです。

前節では versicolor のデータのみ利用したのですが、本節は他の 2 つ（setosa と virginica）のデータも利用する点が前節との違いです。具体的な実装はコード 5.3.1 になります。

コード 5.3.1　目標とするデータの抽出

```
1    # setosa の行のみ抽出
2    df0 = df.query('species == "setosa"')
3
4    # versicolor の行のみ抽出
5    df1 = df.query('species == "versicolor"')
6
7    # virginica の行のみ抽出
8    df2 = df.query('species == "virginica"')
9
10   # 乱数により 3 個のインデックスを生成
11   import random
12   random.seed(42)
13   indexes =range(len(df1))
14   sample_indexes=random.sample(indexes, 3)
15
16   # df0, df1, df2 のデータ数をそれぞれ 3 行にする
17   df0_sel = df0.iloc[sample_indexes]
18   df1_sel = df1.iloc[sample_indexes]
19   df2_sel = df2.iloc[sample_indexes]
20
21   # 全部連結して 1 つにする
22   df_sel = pd.concat([df0_sel, df1_sel, df2_sel]).reset_index(drop=True)
```

次のコード 5.3.2 では抽出した 9 件のデータを確認しています。

```
1    display(df_sel)
```

▷ 実行結果（表）

|   | sepal_length | sepal_width | petal_length | petal_width | species |
|---|---|---|---|---|---|
| 0 | 5.000 | 3.500 | 1.300 | 0.300 | setosa |
| 1 | 5.000 | 3.400 | 1.500 | 0.200 | setosa |
| 2 | 4.900 | 3.000 | 1.400 | 0.200 | setosa |
| 3 | 5.500 | 2.600 | 4.400 | 1.200 | versicolor |
| 4 | 4.900 | 2.400 | 3.300 | 1.000 | versicolor |
| 5 | 6.400 | 3.200 | 4.500 | 1.500 | versicolor |
| 6 | 6.700 | 3.100 | 5.600 | 2.400 | virginica |
| 7 | 7.300 | 2.900 | 6.300 | 1.800 | virginica |
| 8 | 5.800 | 2.700 | 5.100 | 1.900 | virginica |

コード 5.3.3 では同じ結果を散布図で表示します。

コード 5.3.3　散布図による抽出結果表示

```
1    sns.scatterplot(
2        x='sepal_length', y='sepal_width', hue='species', style='species',
3        data=df_sel, s=200)
4    plt.title(' 抽出した計 9 個の観測値の散布図 ')
5    plt.show()
```

▷ 実行結果（グラフ）

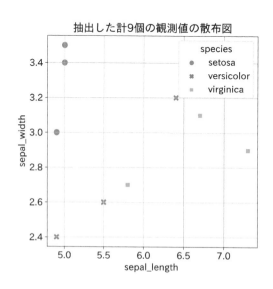

抽出した計9個の観測値の散布図

このデータフレーム形式のデータから X，Y，cl の 3 つの変数を抽出し、ベイズ推論で利用します。そのための実装がコード 5.3.4 です。

コード 5.3.4　ベイズ推論用変数の抽出

```
1   X = df_sel['sepal_length'].values
2   Y = df_sel['sepal_width'].values
3   species = df_sel['species']
4   cl = pd.Categorical(species).codes
5
6   # 結果確認
7   print(X)
8   print(Y)
9   print(species.values)
10  print(cl)
```

▷ 実行結果

```
1   [5.000 5.000 4.900 5.500 4.900 6.400 6.700 7.300 5.800]
2   [3.500 3.400 3.000 2.600 2.400 3.200 3.100 2.900 2.700]
3   ['setosa' 'setosa' 'setosa' 'versicolor' 'versicolor' 'versicolor'
4    'virginica' 'virginica' 'virginica']
5   [0 0 0 1 1 1 2 2 2]
```

X と Y については、5.2 節の線形回帰モデルとほぼ同じなので、問題ないと思います。

新しく増えたデータとして cl があり、これが**階層ベイズモデルと直接関係している変数**なので詳しく説明します。前節の線形回帰では、回帰式のパラメータである **alpha と beta** は、**すべての観測値データに対して共通**であることが確率モデル上の前提でした。階層ベイズではこの点が異なり、「**alpha と beta はグループ（花の種類）により異なる**」ことが前提になります。そのため X と Y もそれぞれの**値がどのグループに属するのかを示すインデックス**が必要です。この**インデックスを示す配列が cl であると考えてください**。

実装コードとの関係でいうと、コード 5.3.4 の 3 行目でいったんデータフレームの species 列を抽出し、変数 species に代入します。

この species を用いて 4 行目のように pd.Categorical(species).codes という実装コードによりインデックス配列を取得しています。これで、階層ベイズモデルの実装に必要なデータ準備が完了しました。次項以降で、いよいよ階層ベイズモデルの構築にとりかかります。

## 5.3.3 確率モデル定義

図 5.3.1 を見てください。これは、前節で構築した通常のベイズモデルと本節で解説する階層ベイズモデルを、確率モデル可視化ツールの結果を使って比較したものです。

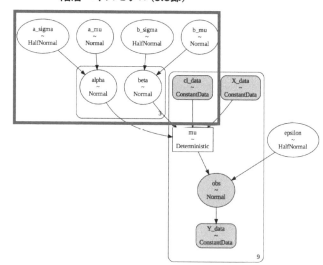

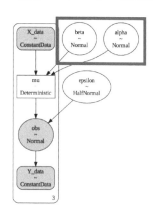

階層ベイズモデル(5.3節)

通常のベイズモデル(5.2節)

図 5.3.1　通常のベイズモデルと階層ベイズモデルの比較

　2 つの確率モデルの違いを説明するには、図を使うのが一番わかりやすいので、図 5.3.1 を用いて、階層ベイズモデルの仕組みを説明していきます。

　まず、**共通の要素**が何かを図 5.3.1 から調べると **X_data → mu → obs → Y_data の基本的な構造**と **epsilon → obs の関係**が該当することがわかります。これは、数学モデルを示す数式でいうと

$$y_n = \alpha \, x_n + \beta + \epsilon_n \tag{5.3.1}$$

で示される**回帰モデルの基本的な構造は同じ**であることを意味しています。

　では、違いが何かというと、赤枠で囲んだ部分になります。より具体的な違いということでいうと、2 つの話に細分化できます。1 つ目は**確率変数 alpha と beta の作られ方**です。通常のベイズモデルの場合、確率変数 alpha と beta はこれ自体が**事前分布を持つおおもとの確率分布**であり、**1 つの確率変数がすべての観測値に対して共通**に用いられていました。これに対して**階層ベイズモデル**では、alpha も beta も、自分よりもう一段上位に別の事前分布を持つ確率変数 (a_sigma, a_mu, b_sigma, b_mu) があり、これらの確率変数から生成される **2 次的な確率分布**になっています。また、**確率変数の個数としても 3 個 (花の種類数に対応) 生成**する形になっています。

　もう 1 つの違いは、クラス種別を示す cl_data という変数が新たに導入され、mu の算出にこの変数が関わっている点です。具体的には **3 種類の花に対応した 3 要素の配列 alpha、beta のどの要素を用いるかのインデックス値**を持っている形になります。そして、**このような階層構造を持つベイズモデルのことを階層ベイズモデル**と呼びます。

　階層ベイズの確率モデル定義の実装はコード 5.3.5 になります。

コード 5.3.5　階層ベイズの確率モデル定義

```
1    model1 = pm.Model()
2
3    with model1:
4        # X, Y の観測値を ConstantData として定義（通常ベイズと共通）
5        X_data = pm.ConstantData('X_data', X)
6        Y_data = pm.ConstantData('Y_data', Y)
7
8        # クラス変数定義（階層ベイズ固有）
9        cl_data = pm.ConstantData('cl_data', cl)
10
11       # 確率変数 alpha の定義（階層ベイズ固有）
12       a_mu = pm.Normal('a_mu', mu=0.0, sigma=10.0)
13       a_sigma = pm.HalfNormal('a_sigma',sigma=10.0)
14       alpha = pm.Normal('alpha', mu=a_mu, sigma=a_sigma, shape=(3,))
15
16       # 確率変数 beta の定義（階層ベイズ固有）
17       b_mu = pm.Normal('b_mu', mu=0.0, sigma=10.0)
18       b_sigma = pm.HalfNormal('b_sigma', sigma=10.0)
19       beta = pm.Normal('beta', mu=b_mu, sigma=b_sigma, shape=(3,))
20
21       # 誤差 epsilon（通常ベイズと共通）
22       epsilon = pm.HalfNormal('epsilon', sigma=1.0)
23
24       # mu の値は、cl_data により index を切り替えて計算（階層ベイズ固有）
25       mu = pm.Deterministic('mu', X_data * alpha[cl_data] + beta[cl_data])
26
27       # mu, epsilon を使って観測値用の確率モデルを定義（通常ベイズと共通）
28       obs = pm.Normal('obs', mu=mu, sigma=epsilon, observed=Y_data)
```

5

やや複雑なコードなので、以下で、細かいパートに区切って説明していきます。

確率変数 alpha の定義に関する部分を抽出すると、コード 5.3.6 になります。

コード 5.3.6　確率変数 alpha の定義

```
1    a_mu = pm.Normal('a_mu', mu=0.0, sigma=10.0)
2    a_sigma = pm.HalfNormal('a_sigma',sigma=10.0)
3    alpha = pm.Normal('alpha', mu=a_mu, sigma=a_sigma, shape=(3,))
```

該当するパートを 5.2 節の線形回帰のコードから抜き出すと

```
alpha = pm.Normal('alpha', mu=0.0, sigma=10.0)
```

です。前回は mu=0.0, sigma=10.0 と直接決めていた alpha の確率分布が、a_mu, a_sigma という**別の確率変数を経由して間接的に決められています**。また、shape=(3,) のパラメータを追加することで、**確率変数が 3 要素の配列**になっている点にも注意してください。この 3 という数は個別に予測をしたい花の種類の数です。この話はもう 1 つの確率変数である beta に対してもあてはまります。

　もう 1 カ所、線形回帰のコードと違っているのが、次のコード 5.3.7 の部分です。オリジナルのコー

ド 5.3.5 では 2 カ所に分かれているコードを 1 つにまとめている点に注意してください。

コード 5.3.7　mu の計算

```
1    # クラス変数定義（階層ベイズ固有）
2    cl_data = pm.ConstantData('cl_data', cl)
3
4    # mu の値は、cl_data により index を切り替えて計算（階層ベイズ固有）
5    mu = pm.Deterministic('mu', X_data * alpha[cl_data] + beta[cl_data])
```

　5 行目の X_data * alpha[cl_data] + beta[cl_data] の計算式で各変数の要素数に注目します[注7]。

　X_data は観測値であり、要素数 9 の配列です。alpha と beta は要素数 3 の配列ですが、変数 cl_data は要素数 9 の配列です。その結果、alpha[cl_data] と beta[cl_data] も要素数 9 の配列になります。cl_data の値が [0 0 0 1 1 1 2 2 2] であったことから、この 2 つの配列の最初の 3 要素には alpha[0] と beta[0] の値が、次の 3 要素には alpha[1] と beta[1] の値が、最後の 3 要素には alpha[2] と beta[2] の値が使われることになります。つまり、要素数 9 の配列である変数 mu には、何番目の要素であるかによって、alpha と beta の値を使い分けた形での線形予測結果が設定されることになります。

　ここの説明はわかりにくい箇所もあるので、コード 5.3.8 で、小文字を大文字に置き換えた上で、PyMC 変数を NumPy 変数にした場合の具体的な動きを説明します。PyMC の変数間でも同じ動きになっていると考えてもらえればよいかと思います。

コード 5.3.8　PyMC 変数を NumPy 変数に置き換えた場合の mu の計算の仕組み

```
1    # ALPHA は要素数 3 の配列
2    ALPHA = np.array([0.1, 0.2, 0.3])
3    print(ALPHA)
4
5    # CL は要素数 9 の配列
6    CL = np.array([0, 0, 0, 1, 1, 1, 2, 2, 2])
7    print(CL)
8
9    # MU も要素数 9 の配列になる
10   MU = ALPHA[CL]
11   print(MU)
```

▷ 実行結果

```
1    [0.100 0.200 0.300]
2    [0 0 0 1 1 1 2 2 2]
3    [0.100 0.100 0.100 0.200 0.200 0.200 0.300 0.300 0.300]
```

注7　以下の説明は、コード 5.3.9 の可視化結果と見比べながら読むとわかりやすいです。

コード 5.3.9 に、確率モデル構造を可視化する関数呼び出しと、その出力結果を示します。

コード 5.3.9　確率モデル構造の可視化

```
1    g = pm.model_to_graphviz(model1)
2    display(g)
```

▷ 実行結果（グラフ）

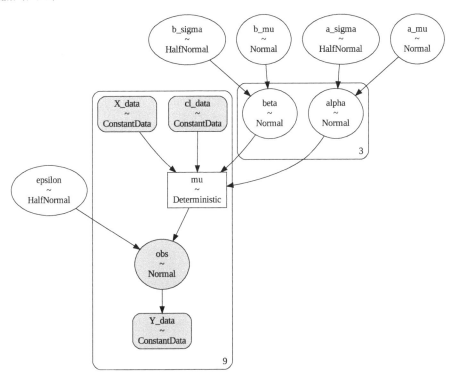

以上で、やや複雑ではありましたが、なぜコード 5.3.5 で階層ベイズモデルが実装できるのか、その全体像が理解できたかと思います。

では、なぜ、このような複雑な仕組みが使われるのでしょうか。その理由は、冒頭の問題設定で説明した話の繰り返しになりますが、主にはデータ件数との兼ね合いであることが多いです。例えば、5.2.2 項で取り上げたような 50 件程度の観測値がある場合は、わざわざこのような構造の確率モデルを作る必要はなく、setosa 用や versicolor 用といった花の種別に確率モデルを構築し、ベイズ推論をすれば、十分に要件を満たせます。しかし、今回の例題のように、データ件数がそれぞれの花で 3 件しかない場合を想像してください。いくらベイズ推論であっても、データ件数が 3 件というのは、十分な推論をするのには少なすぎです。このような場合、**似た傾向にある他の花のデータも参考にすることで、より精度の高い推論をする方法が階層ベイズ**であると考えてください。

## 5.3.4 サンプリングと結果分析

これで確率モデル定義まで終わったので、次にサンプリングを実施します。実装はコード 5.3.10 です。

コード 5.3.10　サンプリング

```
1    with model1:
2        idata1 = pm.sample(random_seed=42, target_accept=0.998)
```

今回は、難易度の高い確率モデルであるため、target_accept のパラメータ値は 0.998 とかなり大きな値にしました。そのため、サンプリングには相当な時間（実測値で約 9 分）がかかる点はあらかじめご理解ください。

いつものように、plot_trace 関数で推論結果の確認をします。今回は変数の数が多いため、注目している変数であるalphaとbetaだけに対象を限定しました。実装と結果はコード 5.3.11 になります。

コード 5.3.11　plot_trace 関数で推論結果の確認

```
1    az.plot_trace(idata1, compact=False, var_names=['alpha', 'beta'])
2    plt.tight_layout();
```

▷ 実行結果（グラフ）

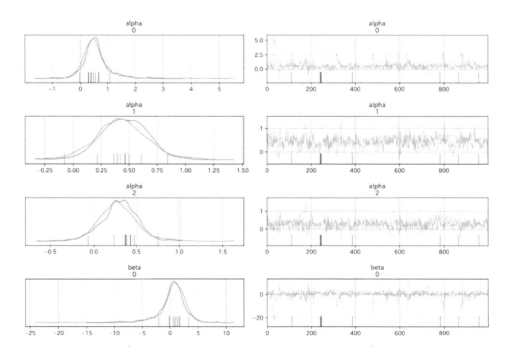

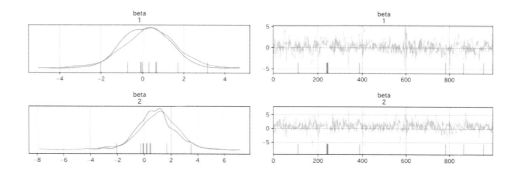

どちらの値も、2つのサンプル値系列で同じ波形をしているので、推論結果としては問題なさそうです。次に summary 関数を使って、サンプリング結果をより詳しく分析してみます。実装はコード 5.3.12 です。

コード 5.3.12　summary 関数によるサンプリング結果の分析

```
1    summary1 = az.summary(idata1, var_names=['alpha', 'beta'])
2    display(summary1)
```

▷ 実行結果（表）

|  | mean | sd | hdi_3% | hdi_97% | mcse_mean | mcse_sd | ess_bulk | ess_tail | r_hat |
|---|---|---|---|---|---|---|---|---|---|
| alpha[0] | 0.584 | 0.598 | -0.315 | 1.608 | 0.039 | 0.029 | 286.000 | 254.000 | 1.010 |
| alpha[1] | 0.443 | 0.229 | 0.002 | 0.862 | 0.012 | 0.008 | 375.000 | 523.000 | 1.010 |
| alpha[2] | 0.296 | 0.230 | -0.118 | 0.741 | 0.011 | 0.009 | 439.000 | 400.000 | 1.000 |
| beta[0] | 0.384 | 2.968 | -4.654 | 4.860 | 0.192 | 0.140 | 284.000 | 263.000 | 1.010 |
| beta[1] | 0.267 | 1.293 | -2.158 | 2.671 | 0.067 | 0.048 | 367.000 | 578.000 | 1.010 |
| beta[2] | 0.950 | 1.516 | -1.731 | 3.923 | 0.073 | 0.052 | 441.000 | 452.000 | 1.000 |

　まず、一番右の r_hat の値を見ると、どの行も 1.000 または 1.010 であり、正常にベイズ推論ができていることがわかります。次に mean, sd, hdi_3%, hdi_97% の列を確認します。1 次関数近似における切片（定数項）を意味する beta の値に関しては、振れ幅が大きく、まだ十分な推論ができていないと解釈することができます。

## 5.3.5 散布図と回帰直線の重ね描き

　ここまでで求めた回帰直線が、元の観測値とどの程度マッチしているか、散布図と回帰直線を重ね描きすることで確認してみます。5.2 節のときは、可能性のあるすべての回帰直線を重ね描きしましたが、今回は各確率変数の平均値により代表的な回帰直線のみグラフ描画することとします。実装はコード 5.3.13 に示します。

コード5.3.13 散布図と回帰直線の重ね描き

```
1    # alpha と beta の平均値の導出
2    means = summary1['mean']
3    alpha0 = means['alpha[0]']
4    alpha1 = means['alpha[1]']
5    alpha2 = means['alpha[2]']
6    beta0 = means['beta[0]']
7    beta1 = means['beta[1]']
8    beta2 = means['beta[2]']
9
10   # 回帰直線用座標値の計算
11   x_range = np.array([X.min()-0.1,X.max()+0.1])
12   y0_range = alpha0 * x_range + beta0
13   y1_range = alpha1 * x_range + beta1
14   y2_range = alpha2 * x_range + beta2
15
16   # 散布図表示
17   sns.scatterplot(
18       x='sepal_length', y='sepal_width', hue='species', style='species',
19       data=df_sel, s=100)
20   plt.plot(x_range, y0_range, label='setosa')
21   plt.plot(x_range, y1_range, label='versicolor')
22   plt.plot(x_range, y2_range, label='virginica')
23   plt.legend();
```

▷ 実行結果（グラフ）

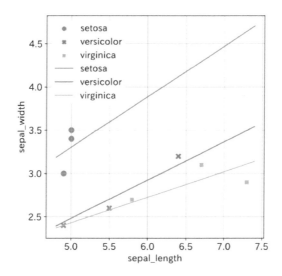

　コード5.3.13 の2行目から8行目に、このような目的の場合の、各確率変数の平均値の抽出方法を示しました。変数summary1は、その前のコード5.3.12でsummary関数を用いて抽出したデータで、データフレーム形式の変数となっています。この変数からmeans、alpha[0]とインデックスをたどっていくと、**確率変数 alpha[0] の平均値を取得**することができます。

　3つの回帰直線を見て最初に気づくのは、青色のsetosaの回帰直線です。たまたまだと想像され

ますが、ランダムに抽出された3つの点は、近似直線の傾きでいうと、もっと大きな傾きになっているはずです。それが、他の2つの回帰直線とほぼ同等の傾きになっているのは、階層ベイズモデルを使っていたからといえます。ただし、実際の傾きはどちらが正しかったかは、サンプル抽出前の全体の分布を見てみないと何ともいえません。

　次のコード5.3.14では、データ準備の過程で件数を絞り込む前の、アイリス・データセット全体の散布図と、ベイズ推論で求めた回帰直線の重ね描きをしました。

コード5.3.14　全体散布図と回帰直線の重ね描き

```
1    # 回帰直線の座標値計算
2    x_range = np.array([
3        df['sepal_length'].min()-0.1,
4        df['sepal_length'].max()+0.1])
5    y0_range = alpha0 * x_range + beta0
6    y1_range = alpha1 * x_range + beta1
7    y2_range = alpha2 * x_range + beta2
8
9    # 散布図表示
10   sns.scatterplot(
11       x='sepal_length', y='sepal_width', hue='species', style='species',
12       s=50, data=df)
13   plt.plot(x_range, y0_range, label='setosa')
14   plt.plot(x_range, y1_range, label='versicolor')
15   plt.plot(x_range, y2_range, label='virginica')
16   plt.legend();
```

▷ 実行結果（グラフ）

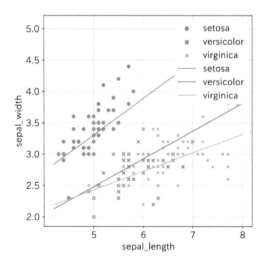

　元のアイリス・データセット全体の散布図と比較して、階層ベイズモデルによる線形回帰の傾きの近似値は適切なものであることが確認できました。今回のようなユースケースでは、階層ベイズモデルは有力な推論手法であることがわかります。

## PyMCの構成要素はどこまで細かく定義すべきか

5.3.3項では、階層ベイズの構造を理解しやすいように、pm.ConstantDataクラスやpm.Deterministic クラスを活用して、できるだけ丁寧にPyMCの構成要素を定義しました。

単に同じ推論結果を得るということが目的であれば、コード5.3.15のような簡略化した確率モデル定義も可能です。

コード5.3.15　簡略化した確率モデル定義

```
1    model2 = pm.Model()
2
3    with model2:
4        # 確率変数 alpha の定義（階層ベイズ固有）
5        a_mu = pm.Normal('a_mu', mu=0.0, sigma=10.0)
6        a_sigma = pm.HalfNormal('a_sigma',sigma=10.0)
7        alpha = pm.Normal('alpha', mu=a_mu, sigma=a_sigma, shape=(3,))
8
9        # 確率変数 beta の定義（階層ベイズ固有）
10       b_mu = pm.Normal('b_mu', mu=0.0, sigma=10.0)
11       b_sigma = pm.HalfNormal('b_sigma', sigma=10.0)
12       beta = pm.Normal('beta', mu=b_mu, sigma=b_sigma, shape=(3,))
13
14       # 誤差 epsilon（通常ベイズと共通）
15       epsilon = pm.HalfNormal('epsilon', sigma=1.0)
16
17       # mu の値は、cl により index を切り替えて計算（階層ベイズ固有）
18       mu = X * alpha[cl] + beta[cl]
19
20       # mu, epsilon を使って観測値用の確率モデルを定義（通常ベイズと共通）
21       Y_obs = pm.Normal('Y_obs', mu=mu, sigma=epsilon, observed=Y)
22
23   g = pm.model_to_graphviz(model2)
24   display(g)
```

▷実行結果（グラフ）

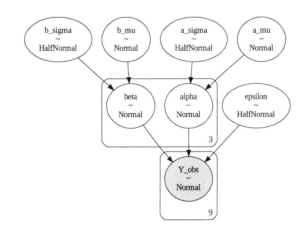

比較するため、5.3.3 項で取り上げた確率モデル定義における可視化結果も再掲します。

▷ コード 5.3.9 の実行結果（再掲）　階層ベイズモデルの構造

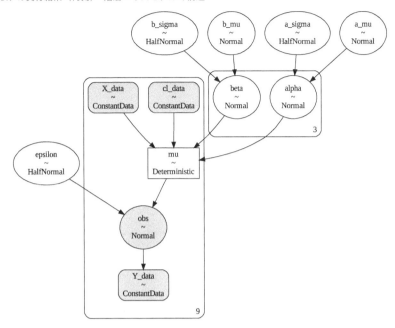

　コード 5.3.15 の結果は、確率モデルで、**確率変数間の関係にのみ注目**した方法、これに対してコード 5.3.5 の結果は、**観測値や途中経過を含めたすべての計算過程を表現**した方法ということができます。

　では、この 2 つあるいはその中間のどの方法が一番いいのでしょうか。PyMC の確率モデル構築に熟達した方であればコード 5.3.15 の簡略化した方式が一番使いやすいと思うかもしれませんし、逆に初心者であれば、途中経過を含め、1 ステップ 1 ステップが理解しやすいコード 5.3.5 が一番よいと思うでしょう。自分の趣味で決めればよいのですが、著者としては、特にベイズ推論に慣れていないときは、**コード 5.3.5 の丁寧なスタイルがお勧め**です。それは、この定義から生成される可視化グラフが、**確率モデルにおけるデータの流れを説明するための「ドキュメンテーション」の意味も持っている**からです。

　読者も、昔作った自分のコードを相当期間たった後で読み直して意味がわからなくなった経験はないでしょうか。著者は、過去に数多くそういう経験があります。PyMC の `model_to_graphviz` 関数による可視化はすばらしい機能で、**変数間の依存関係がひと目でわかります**。将来、自分の作った確率モデルを見返すときに、丁寧な説明図があったほうが便利ではないかと考えます。

# 5.4 潜在変数モデル

本節では、やや複雑な構造のベイズモデルの中から、「階層ベイズ」と並んでよく用いられる**潜在変数モデル**を取り上げます。現実世界に合った適用範囲の広い確率モデルであると同時に、その結果も興味深いものです。ぜひ、読者も使いこなせるようになってください。

## 5.4.1 問題設定

図 5.4.1 を見てください。この図が、本節で実習対象とする潜在変数モデルの目的を端的に示したものです。

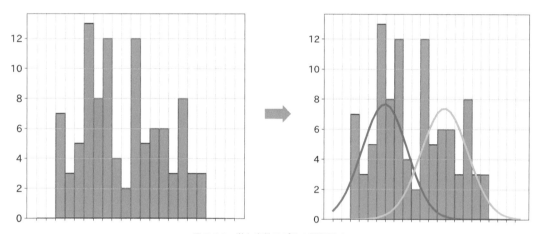

図 5.4.1 潜在変数モデルの問題設定

図 5.4.1 の左のヒストグラムを見ると、データ分布には 2 つのピークがありそうです。ここで、**2つの異なる正規分布に従う確率変数のデータが同時に含まれている**という仮定をおきます。しかし、分布の裾は重なっていて、どちらのグループのデータがどういう比率なのかを判断することからして難しそうです。このような状況で、**2 つの正規分布の混在比率 (p)・平均 (mu[2])・標準偏差 (sigma[2])を同時に求める**というのが、これから実施する**潜在変数モデルの推論内容**です。5.3 節までで説明したベイズ推論と比較してより**難易度の高い推論**であることが理解できると思います。

この問題の「2つ」は「3つ以上」に拡張することも可能です。ただ、確率モデル構築がより複雑になるので、**3 つ以上のパターンについては本書のサポートサイトで解説**することにしました。

ここから先は、本章で何度も使っているアイリス・データセットをうまく活用して、上で説明している状況を作り出すための手順です。図 5.4.2 を見てください。これはアイリス・データセットのうち、花の種類を setosa 以外の 2 種類に絞り込んだ後、項目 petal_width に注目してヒストグラム表示したものです。

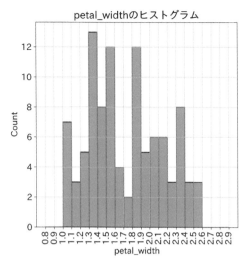

図 5.4.2 アイリス・データセットにおける `petal_width` のヒストグラム

このデータが一見ばらついて見えるのは、2種類の花の統計データを混合しているからであり、そのことは同じヒストグラムを花の種類で色分けした、図 5.4.3 を見れば明らかです。

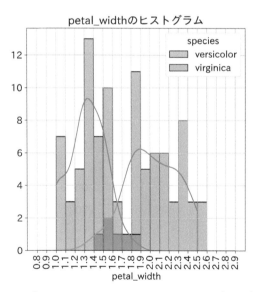

図 5.4.3 アイリス・データセットにおける `petal_width` のヒストグラム（花の種別に色分け）

しかし、現実のデータ分析の世界では、アイリス・データセットの species のように、いつも種別を示す項目が含まれているわけではないです。むしろ、図 5.4.2 のように種別情報なしに表面的な統計データのみ取得可能なケースが多いです。

本節で取り上げるのは、このような問題設定（潜在変数モデル）におけるベイズ推論です。具体的には、

- データとしては図 5.4.2 の情報のみが与えられている
- 2 種類の正規分布に従う確率変数から一定の混在比率（この比率自体も不明）で選択された結果が上のデータ分布になっている

の 2 つを前提としたときに、**2 つの正規分布に従う確率変数の、混在比率と特徴を示すパラメータ（平均と標準偏差）を求める**ことが、本節の問題設定です。**実業務での適用範囲が広い問題**と考えることができます。

## 5.4.2 データ準備

　出発点のアイリス・データセットは、5.1 節から 5.3 節で使っているのとまったく同じです。解説は省略し、データ取得コードと結果のみ「再掲」の形で示します。

コード 5.1.1（再掲）　アイリス・データセットの読み込みと内容の確認

```
1    # アイリス・データセットの読み込み
2    df = sns.load_dataset('iris')
3
4    # 先頭 5 件の確認
5    display(df.head())
6
7    # species の分布確認
8    df['species'].value_counts()
```

▷ 実行結果（表）

|   | sepal_length | sepal_width | petal_length | petal_width | species |
|---|---|---|---|---|---|
| 0 | 5.100 | 3.500 | 1.400 | 0.200 | setosa |
| 1 | 4.900 | 3.000 | 1.400 | 0.200 | setosa |
| 2 | 4.700 | 3.200 | 1.300 | 0.200 | setosa |
| 3 | 4.600 | 3.100 | 1.500 | 0.200 | setosa |
| 4 | 5.000 | 3.600 | 1.400 | 0.200 | setosa |

▷ 実行結果（テキスト）

```
1    setosa        50
2    versicolor    50
3    virginica     50
4    Name: species, dtype: int64
```

　本節では、このうち花の種類を setosa 以外の 2 種類に絞り込んだ後、petal_width の項目を抽出します。実装はコード 5.4.1 です。

```
1  # 花の種類を setosa 以外の 2 種類に絞り込む
2  df2 = df.query('species != "setosa"')
3
4  # インデックスを 0 から振り直す
5  df2 = df2.reset_index(drop=True)
6
7  # petal_width の項目値を x_data にセット
8  X = df2['petal_width'].values
```

　抽出後のデータフレームは変数 df2 に保存しますが、5 行目でインデックスを 0 からきれいに振り直しています。この処理は、5.4.6 項で活用することになります。

　8 行目では、df2 の petal_width 列だけを抽出し、NumPy の 1 次元配列にして変数 X に代入しています。本節のベイズ推論では、この X を観測値として用います。

　抽出した X のヒストグラム表示をしてみます。 実装はコード 5.4.2 です。結果は図 5.4.2 として示しているので省略します。

コード 5.4.2　分析対象データを色分けなしにヒストグラム表示

```
1  bins = np.arange(0.8, 3.0, 0.1)
2  fig, ax = plt.subplots()
3  sns.histplot(bins=bins, x=X)
4  ax.set_xlabel('petal_width')
5  ax.xaxis.set_tick_params(rotation=90)
6  ax.set_title('petal_width のヒストグラム ')
7  ax.set_xticks(bins);
```

　実行結果は図 5.4.2。

　同じ対象を花の種類別に色分けしたヒストグラムの実装はコード 5.4.3 です。こちらの結果も図 5.4.3 に示しているので省略します。

コード 5.4.3　petal_width のヒストグラム描画 ( 花の種類で色分け )

```
1  bins = np.arange(0.8, 3.0, 0.1)
2  fig, ax = plt.subplots()
3  sns.histplot(data=df2, bins=bins, x='petal_width',
4      hue='species', kde=True)
5  ax.xaxis.set_tick_params(rotation=90)
6  ax.set_title('petal_width のヒストグラム ')
7  ax.set_xticks(bins);
```

　実行結果は図 5.4.3。

## 5.4.3 確率モデル定義

　それでは、確率モデル定義をはじめましょう。前節同様に、最初に完成した確率モデルの構造図を

図 5.4.4 として示し、この図を参照しながら解説をします。

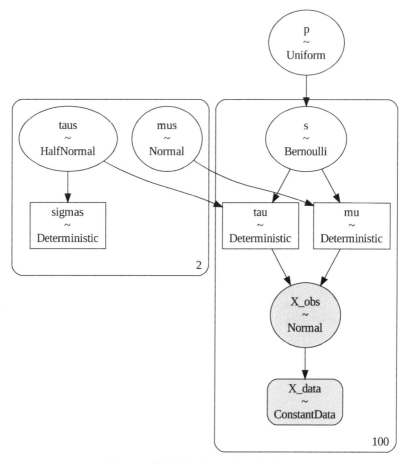

図 5.4.4　潜在変数モデルの確率モデル構造図

　潜在変数モデルは、前節で説明した階層ベイズモデルと似たところがあります。比較のため、改めて図 5.4.5 に階層ベイズモデルの確率モデル構造図を示します。

　階層ベイズモデルの仕組みを復習すると、alpha、beta という要素数 3 の配列と、cl_data という、すべての要素の値が 0 から 2 までの値をとる要素数 9 の配列があり、後者はインデックスを意味する変数でした。この 2 つを組み合わせて alpha[cl_data] や beta[cl_data] という実装コードにより、要素数 9 の、各要素の値が 3 回ずつ出てくる配列を作りました。計算により生成される確率変数 mu は、alpha[cl_data], beta[cl_data], X_data の組合せで計算され、それが観測値を持つ確率変数 obs の入力となる仕掛けです。

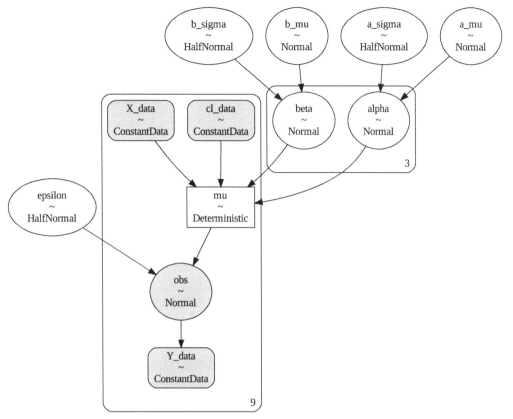

図 5.4.5　階層ベイズモデルの確率モデル構造図

　図 5.4.4 の潜在変数モデルにおいて、階層ベイズモデルの alpha と beta の役割を果たすのが taus と mus です。2 つの変数の要素数は、今回は 3 でなく 2 になっていて、これはそのまま**前提としている確率モデルで「2 種類の正規分布」を仮定**していることに対応します。そして**潜在変数モデルにおいてインデックス cl_data の役割を果たしているのが、確率変数 s** です。s は 1 か 0 の値をとる、要素数 100 の配列です。そして、階層ベイズモデルのときの alpha[cl_data] や beta[cl_data] と同様に、mus[s] や taus[s] という実装コードで要素数 100 の配列である mu と tau を生成しています。この mu と tau が観測値を持つ確率変数 X_obs の入力となっています。

　では、2 つの確率モデルの違いは何でしょうか。**階層ベイズモデルの場合、インデックス変数である** cl_data **は定数**でした。これに対して**潜在変数モデルのインデックス** s **は、確率変数、つまり個別のサンプルごとに変化する変数**になります。この確率変数 s は**潜在変数**と呼ばれています。観測値を持たない、つまり**外部から見ることのできない確率変数**であるためこのような名前になっており、これが**潜在変数モデルの名前の由来**でもあるのです。2 つの確率モデルの本質的な違いは、**インデックス変数が定数なのか（階層ベイズモデル）、可変な確率変数なのか（潜在変数モデル）である**ということになります。ここまでの動作原理が非常に重要なところなので、この点を頭において、以下の説明を読み進めるようにしてください。

最初に説明するのは、潜在変数 s がどのように生成されるのかです。この部分の確率モデルの関係を図 5.4.6 に示します。

図 5.4.6 「p → s」の部分の関係詳細

「一様分布」から「ベルヌーイ分布」につながっている図はどこかで見覚えがあると感じた読者はさすがです。実は、ほぼ似た構造の図は、3 章・4 章で取り扱った「くじ引き問題」をベイズ推論で解く過程で、図 3.5 として示しています。図 5.4.6 のうち、一様分布とベルヌーイ分布の 2 つの要素の関係は同じです。

違っている点もあります。3 章・4 章で説明した際は、右の黄色の箱は**観測値**という名前で、実際に観測可能な値であり、具体的には 1（くじが当たり）または 0（くじがはずれ）のどちらかでした。図 5.4.6 ではその場所が**潜在変数 s** となっています。つまり、今回はこの変数値は観測されないわけです。潜在変数が、確率モデル全体でどのような働きをするかは、上で説明したとおりです。

今説明した部分を確率モデル定義の実装コードと対応づけると、次のコード 5.4.4 になります。

コード 5.4.4　一様分布とベルヌーイ分布の実装コード ( 必要な部分のみ抽出 )

```
1    # 観測データ件数
2    N = X.shape
3
4    # p: 潜在変数が 1 の値をとる確率
5    p = pm.Uniform('p', lower=0.0, upper=1.0)
6
7    # s: 潜在変数　p の確率値をもとに 0，1 のいずれかの値を返す
8    s = pm.Bernoulli('s', p=p, shape=N)
```

実際のコード全体は後ほどコード 5.4.7 として示します。コード 5.4.4 は、今注目している部分だけ抜き出したもので、本来存在するコンテキストも無視したものであることに注意ください。比較のため 4 章のコード 4.5 を下に再掲します。

コード 4.5（再掲）　確率モデル定義

```
1        # pm.Uniform: 一様分布
2        p = pm.Uniform('p', lower=0.0, upper=1.0)
3
4        # pm.Bernoulli: ベルヌーイ分布
5        X_obs = pm.Bernoulli('X_obs', p=p, observed=X)
```

コード 5.4.4 の 5 行目とコード 4.5（再掲）の 2 行目に注目してください。一様分布の確率変数で ある p の定義をしていますが、まったく同じ実装です。

次に、コード 5.4.4 の 8 行目とコード 4.5（再掲）の 5 行目を比較します。ベルヌーイ分布の定義 の行ですが、コード 4.5（再掲）にある observed パラメータがコード 5.4.4 にはありません。これは、 **確率変数 s が観測値を持たない**ことを意味しています。その理由については、上で説明しました。

今度は、それぞれの実装コードで 確率変数 s と X_obs の要素数がどのように決まっているかに注 目します。コード 5.4.4 の 8 行目では、shape=N のパラメータ指定が明示的にされています。N は、 N = X.shape により設定されています。**観測値の要素数と同じ 100 の値が設定**されることになります。

コード 4.5（再掲）の 5 行目の場合、observed パラメータで指定される X は [1 0 0 1 0] という 5 つの値を持つ配列でした。この配列のサイズにより「**要素数 =5**」**が間接的に指定**された形になります。

もう一度、図 5.4.4 に戻ってください。今度は左にある mus → mu と taus → tau の流れを説明します。 まず、新しい変数である tau が何であるかという説明からはじめます。この変数は、最終的に正規分 布に従う確率変数 X のバラツキを指定するパラメータです。正規分布の確率密度関数は、通常式 (5.4.1) で表されます。

$$f\left(x\right) = \frac{1}{\sqrt{2\pi}\sigma} \exp\left(-\frac{(x-\mu)^2}{2\sigma^2}\right) \tag{5.4.1}$$

式 (5.4.1) は、式 (5.4.2) で定義した 変数 $\tau$ を用いると、式 (5.4.3) に書き換えることが可能です。

$$\tau = \frac{1}{\sigma^2} \tag{5.4.2}$$

$$f\left(x\right) = \frac{\sqrt{\tau}}{\sqrt{2\pi}} \exp\left(-\frac{\tau(x-\mu)^2}{2}\right) \tag{5.4.3}$$

つまり、通常 $(\mu, \sigma)$ で特性が示される正規分布の確率密度関数は、代わりに $(\mu, \tau)$ で特性を示すこ とも可能です。

5.1 節のコラムで示したとおり、通常のベイズ推論では、正規分布の確率モデルの宣言で $\tau, \sigma$ どち らのパラメータを使っても結果はほぼ同じです。しかし、今回の実習の場合、確率モデル定義は式 (5.4.3) の形で行う必要があります。なぜそうかという点については、本節最後のコラムを参照してく ださい。

mus と taus は 2 つの要素を持つ配列です。そのどちらの値が使われるかは、潜在変数 s の値によ り決まります。このあたりの実装は次のコード 5.4.5 によって示されます。

コード 5.4.5 mus と taus から mu と tau が決まる部分の実装

```
1        # mus: 2 つの花の種類ごとの平均値
2        mus = pm.Normal('mus', mu=0.0, sigma=10.0, shape=n_components)
3
4        # taus: 2 つの花の種類ごとのバラツキ
```

```
5        # 標準偏差 sigmas との間には taus = 1/(sigmas*sigmas) の関係がある
6        taus = pm.HalfNormal('taus', sigma=10.0, shape=n_components)
7
8        # グラフ描画など分析で sigmas が必要なため、taus から sigmas を求めておく
9        sigmas = pm.Deterministic('sigmas', 1/pm.math.sqrt(taus))
10
11       # 各観測値ごとに潜在変数から mu と tau を求める
12       mu = pm.Deterministic('mu', mus[s])
13       tau = pm.Deterministic('tau', taus[s])
```

2 行目と 6 行目に出てきている変数 n_components は、何種類の正規分布変数が混在しているかを示す変数であり、今回の実習では 2 の値が事前に設定されています。9 行目では、式 (5.4.2) をもとに taus の値から逆に sigmas の値を求めています。計算で算出された sigmas は後ほど可視化などで利用することになります。12 行目と 13 行目では要素数 2 の確率変数 mus と taus、および要素数 100 の確率変数（潜在変数）s から要素数 100 の確率変数 mu と tau を計算しています。この仕組みは 5.3 節の階層ベイズのときとまったく同じです。よくわからない読者は、コード 5.3.8 で復習してください。ちなみに mu と tau は pm.Deterministic クラスを用いず、直接計算で mus[s] や taus[s] のように求めることができますが、途中経過をわかりやすくするため、この実装にしました。

以上で、mu と tau の準備ができれば、後は、次のコード 5.4.6 で、正規分布に従う確率変数 X_obs を定義するだけです。ここで、**はじめて観測値である X_data との照合が行われる**ことになります。

コード 5.4.6　正規分布に従う確率変数 X_obs の定義

```
1        X_obs = pm.Normal('X_obs', mu=mu, tau=tau, observed=X_data)
```

最後に確率モデル定義実装コードの全体をコード 5.4.7 として、確率モデル構造の可視化実装をコード 5.4.8 として示します。

コード 5.4.7　確率モデル定義全体

```
1    # 変数の初期設定
2
3    # 何種類の正規分布モデルがあるか
4    n_components = 2
5
6    # 観測データ件数
7    N = X.shape
8
9    model1 = pm.Model()
10
11   with model1:
12       # X の観測値を ConstantData として定義
13       X_data = pm.ConstantData('X_data', X)
14
15       # p: 潜在変数が 1 の値をとる確率
16       p = pm.Uniform('p', lower=0.0, upper=1.0)
17
```

```
18      # s: 潜在変数 p の確率値をもとに 0，1 のいずれかの値を返す
19      s = pm.Bernoulli('s', p=p, shape=N)
20
21      # mus: 2 つの花の種類ごとの平均値
22      mus = pm.Normal('mus', mu=0.0, sigma=10.0, shape=n_components)
23
24      # taus: 2 つの花の種類ごとのバラツキ
25      # 標準偏差 sigmas との間には taus = 1/(sigmas*sigmas) の関係がある
26      taus = pm.HalfNormal('taus', sigma=10.0, shape=n_components)
27
28      # グラフ描画など分析で sigmas が必要なため、taus から sigmas を求めておく
29      sigmas = pm.Deterministic('sigmas', 1/pm.math.sqrt(taus))
30
31      # 各観測値ごとに潜在変数から mu と tau を求める
32      mu = pm.Deterministic('mu', mus[s])
33      tau = pm.Deterministic('tau', taus[s])
34
35      # 正規分布に従う確率変数 X_obs の定義
36      X_obs = pm.Normal('X_obs', mu=mu, tau=tau, observed=X_data)
```

コード 5.4.8　確率モデル構造の可視化

```
1     g = pm.model_to_graphviz(model1)
2     display(g)
```

▷ 実行結果のグラフ（再掲）

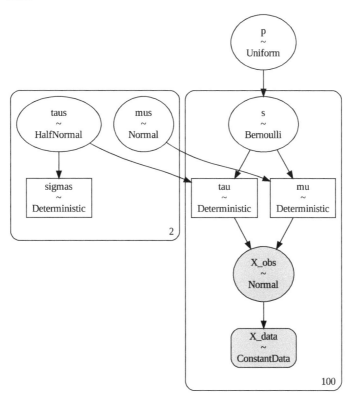

確率モデル実装コードと、確率モデル可視化結果を比較しながら、潜在モデルの構造全体を理解してください。特に「2」と「100」の要素数の違いについて押さえることが重要です。

## 5.4.4 サンプリングと結果分析

確率モデル定義までできたら、後はいつものとおり、サンプリングと結果分析を進めます。最初にサンプリングの実装をコード 5.4.9 に示します。

コード 5.4.9　サンプリングの実装

```
1    with model1:
2        idata1 = pm.sample(chains=1, draws=2000, target_accept=0.99,
3          random_seed=42)
```

今までの実装コードとの違いは、2 行目の chains と draws の 2 つのパラメータを指定している点です。2 つのパラメータの意味については、4.4 節の図 4.2 で説明しているので、そちらを参照してください。

なぜ、chains の値を 1 にしているかというと **「ラベルスイッチ」と呼ばれる事象を防ぐため**です。mus と taus の 2 つのパラメータ値は、値を入れ替えても解として成立します。確率モデルのプログラム実装上の定義だけだと、第一要素に値の小さい値が設定される保証がないのです。つまり 2 つのサンプル値系列を作った場合、最初のサンプル値系列では mus[0] に小さいほうの確率変数値が、2 番目のサンプル値系列では mus[1] に小さいほうの確率変数値が入ってしまうことがありえます。この事象のことを**ラベルスイッチ**と呼びます。

なお、この事象は、やや複雑にはなってしまいますが、確率モデルの構造を工夫することで回避することも可能です。具体的な方法は本節最後のコラムに記載しましたので、関心ある読者はぜひ、こちらもお読みください。

draws の値については必然性はないのですが、単に chains をデフォルトの 2 から 1 に減らすと結果的に得られるサンプル数が半分になってしまうので、その調整目的で値を変更しました。

サンプリングが終わったら、結果分析をします。いつものように、plot_trace 関数で正しくベイズ推論ができたかの確認からはじめます。実装コードと結果は、次のコード 5.4.10 です。バラツキの値に関しては確率モデルの入力である taus より今まで使っていた標準偏差 sigmas のほうがわかりやすいので、計算項目として定義した sigmas のほうを分析対象の確率変数として指定しています。

コード 5.4.10　plot_trace 関数で推論結果の確認

```
1    az.plot_trace(idata1, var_names=['p', 'mus', 'sigmas'], compact=False)
2    plt.tight_layout();
```

▷ 実行結果（グラフ）

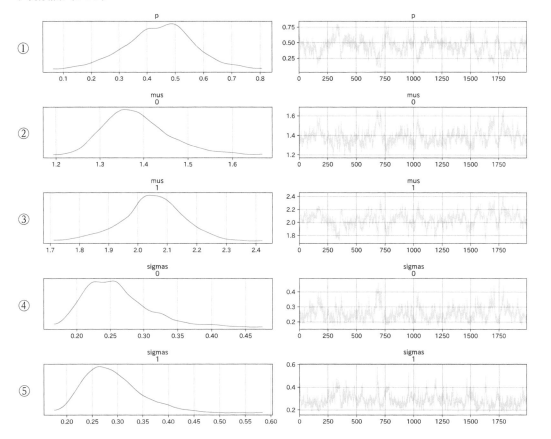

潜在変数モデルの場合、まず潜在変数の確率を示す p の値に注目してください。今回の**潜在変数は 0/1 の値をとるベルヌーイ分布**であり、**2 つのサンプル数は同数**あるので、p の値としては 0.5 程度になるはずです。

①の左のグラフを見ると p=0.5 あたりに分布のピークがありそうなので、妥当な結果ということになります。

次に 2 つの花の種類ごとの平均値を示す値である mus の分布（②と③の左のグラフ）を見ます。②の mus[0] では 1.2 以上 1.6 以下、③の mus[1] では、1.7 以上 2.4 以下と変化の範囲がきれいに分かれています。もし、ラベルスイッチの事象が起きると、2 つの領域の値に重なりが出たり、分布のピークが 2 カ所になったりします。その場合は、望ましい結果になるまで確率モデル定義とサンプリングをやり直す必要があります。

最後に④と⑤の左のグラフで sigmas[0] と sigmas[1] の確率分布を調べます。どちらも 0.25 程度を中心としたきれいな分布になっており、標準偏差 0.25 程度という値も今回の観測値データから妥当なものです。

以上の分析結果をまとめると、**今回はうまくベイズ推論ができている**と結論づけることができます。

次に plot_posterior 関数を使って、各確率変数の事後分布を確認します。実装と結果は、コード 5.4.11 です。

コード 5.4.11　plot_posterrior 関数で各確率変数の事後分布の確認

```
1    plt.rcParams['figure.figsize']=(6,6)
2    az.plot_posterior(idata1, var_names=['p', 'mus', 'sigmas'])
3    plt.tight_layout();
```

▷ 実行結果（グラフ）

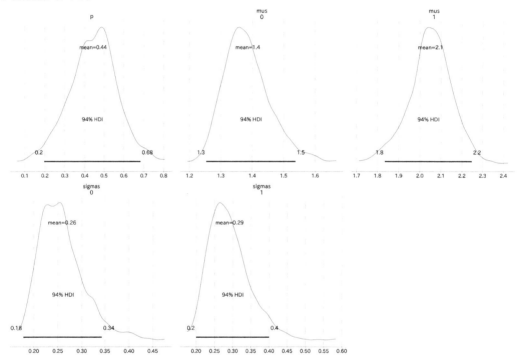

先ほどの話の繰り返しですが、

- p はほぼ 0.5 程度と妥当な値になっている
- 平均値を意味する mus は、最初の要素の予測値と 2 番目の要素の予測値でかぶりがなく、きれいに分離できている

が観察されます。

コード 5.4.12 では、summary 関数を用いて統計情報を表形式で取得しています。

```
1    summary1 = az.summary(idata1, var_names=['p', 'mus', 'sigmas'])
2    display(summary1)
```

▷ 実行結果（表）

|          | mean  | sd    | hdi_3% | hdi_97% | mcse_mean | mcse_sd | ess_bulk | ess_tail | r_hat |
|----------|-------|-------|--------|---------|-----------|---------|----------|----------|-------|
| p        | 0.443 | 0.125 | 0.197  | 0.682   | 0.015     | 0.011   | 66.000   | 148.000  | NaN   |
| mus[0]   | 1.386 | 0.077 | 1.255  | 1.538   | 0.009     | 0.006   | 82.000   | 113.000  | NaN   |
| mus[1]   | 2.050 | 0.107 | 1.834  | 2.247   | 0.013     | 0.009   | 69.000   | 135.000  | NaN   |
| sigmas[0]| 0.259 | 0.047 | 0.178  | 0.343   | 0.005     | 0.004   | 106.000  | 139.000  | NaN   |
| sigmas[1]| 0.291 | 0.056 | 0.200  | 0.400   | 0.006     | 0.004   | 88.000   | 294.000  | NaN   |

　コード 5.4.12 を実行すると、下記のエラーメッセージが出力されますが、これはラベルスイッチ対策でサンプリング時に chains=1 の指定をしたことから出力されたもので、実害はないので無視してください。

```
Shape validation failed: input_shape: (1, 2000), minimum_shape: (chains=2,
draws=4)
```

　上の表で r_hat の項目は、2 つ以上のサンプル値系列があってはじめて計算可能なものです。よって、今回 NaN となっているのは正常な動作になります。

## 5.4.5　ヒストグラムと正規分布関数の重ね描き

　次に図 5.4.3 のヒストグラムと、ベイズ推論により得られたパラメータ値に基づく正規分布関数を重ね描きして、確率モデルのあてはまりの良さを評価することにします。実装は、次のコード 5.4.13 です。

コード 5.4.13　ヒストグラムと正規分布関数の重ね描き

```
1    # 正規分布関数の定義
2    def norm(x, mu, sigma):
3        return np.exp(-((x - mu)/sigma)**2/2) / (np.sqrt(2 * np.pi) * sigma)
4
5    # 推論結果から各パラメータの平均値を取得
6    mean = summary1['mean']
7
8    # mu の平均値取得
9    mean_mu0 = mean['mus[0]']
10   mean_mu1 = mean['mus[1]']
11
12   # sigma の平均値取得
13   mean_sigma0 = mean['sigmas[0]']
```

```
14    mean_sigma1 = mean['sigmas[1]']
15
16    # 正規分布関数値の計算
17    x = np.arange(0.8, 3.0, 0.05)
18    delta = 0.1
19    y0 = norm(x, mean_mu0, mean_sigma0) * delta / n_components
20    y1 = norm(x, mean_mu1, mean_sigma1) * delta / n_components
21
22    # グラフ描画
23    bins = np.arange(0.8, 3.0, delta)
24    plt.rcParams['figure.figsize']=(6,6)
25    fig, ax = plt.subplots()
26    sns.histplot(data=df2, bins=bins, x='petal_width',
27        hue='species', kde=True, ax=ax,  stat='probability')
28    ax.get_lines()[1].set_label('KDE versicolor')
29    ax.get_lines()[0].set_label('KDE virginica')
30    ax.plot(x, y0, c='b', lw=3, label='Bayse versicolor')
31    ax.plot(x, y1, c='y', lw=3, label='Bayse virginica')
32    ax.set_xticks(bins);
33    ax.xaxis.set_tick_params(rotation=90)
34    ax.set_title(' ヒストグラムと正規分布関数の重ね描き ')
35    plt.legend();
```

▷ 実行結果（グラフ）

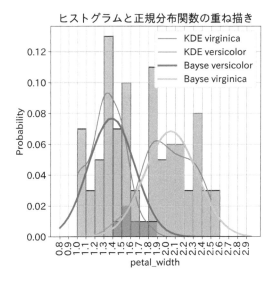

seaborn でヒストグラムを描画するときに kde オプションも True に設定し、KDE（kernel density estimation）による近似曲線も描画しました。上のグラフで細い線が KDE 曲線になります。これに対して、太い線で上書きした曲線がベイズ推論で求めたパラメータ値をもとに描画した正規分布関数のグラフです。

**元のヒストグラムも KDE 曲線も花の種別が情報としてわかった上でのグラフです。**これに対して**ベイズ推論による正規分布関数のグラフは、花の種別の情報なしに推測した結果によるもので、この結果がほぼ一致しているということは、ベイズ推論による予測が正しくできたこと**を意味しています。

## 5.4.6 潜在変数の確率分布

　前項までで、今回の分析で最大の目的であった **2 種類の花に対応した 2 つの正規分布の振る舞い**は知ることができました。しかし、今回の潜在変数モデルで、もう 1 つ調べるべきことがあります。それは、確率モデル構築の過程で出てきた、しかし実態がまったくわかっていない**潜在変数 s の振る舞い**です。その点を調べるため、図 5.4.4 を改めて確認します。

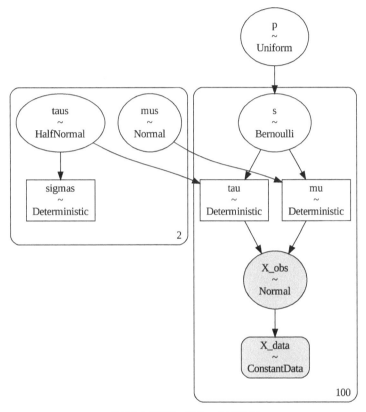

図 5.4.4（再掲）　確率モデル構造図

　この図で、潜在変数 s も観測値 X_data と同じ 100 の枠に囲まれています。つまり、**潜在変数 s は観測値ごとに個別の確率分布を持っている**ことがわかります。言い換えると、**観測値 X_data の値に応じて、潜在変数値 s が 0 になりやすい場合や 1 になりやすい場合があるはずである**ということです。このことを、取得済みのサンプル値 idata1 から調べてみることにします。

　次のコード 5.4.14 は、petal_width の値が 1.0, 1.5, 1.7, 2.0, 2.5 である行のインデックス（データフレームの何行目か）を調べるためのものです[注1]。

---

注1　コード 5.4.14 の 9 行目の query 関数呼び出しで、engine='python' のオプションをつけているのは、校正時にエラーが出たための回避策です。執筆時にはないエラーだったのでおそらく pandas のバグと思われます。こういう理由でオプションがついているので、オプションなしでもエラーなく実行できる場合は、その形で使ってもらってかまいません。

コード 5.4.14　petal_width の値が 1.0, 1.5, 1.7, 2.0, 2.5 のインデックスを調べる

```
1    value_list = [1.0, 1.5, 1.7, 2.0, 2.5]
2
3    df_heads = pd.DataFrame(None)
4
5    # petal_width の値が 1.0 から 2.5 までそれぞれの値である先頭の行を抽出
6    for value in value_list:
7
8        # df2 から petal_width の値が value である行のみ抽出
9        w = df2.query('`petal_width`==@value', engine='python')
10
11       # 先頭の 1 行を抽出し、df_heads に連結
12       df_heads = pd.concat([df_heads, w.head(1)], axis=0)
13
14   # 結果確認
15   display(df_heads)
```

▷ 実行結果（表）

|    | sepal_length | sepal_width | petal_length | petal_width | species    |
|----|--------------|-------------|--------------|-------------|------------|
| 7  | 4.900        | 2.400       | 3.300        | 1.000       | versicolor |
| 1  | 6.400        | 3.200       | 4.500        | 1.500       | versicolor |
| 27 | 6.700        | 3.000       | 5.000        | 1.700       | versicolor |
| 60 | 6.500        | 3.200       | 5.100        | 2.000       | virginica  |
| 50 | 6.300        | 3.300       | 6.000        | 2.500       | virginica  |

　query 関数で petal_width の値を基準に絞り込んだだけでは、複数行がヒットすることが想定されるため、head(1) により先頭の 1 行のみ抽出し、この結果を 1 つのデータフレームに連結しました。これで、petal_width の値が 1.0, 1.5, 1.7, 2.0, 2.5 それぞれの代表的なインデックス値は 7, 1, 27, 60, 50 であることがわかりました。
この結果を使って、idata1 から該当する潜在変数 s のサンプル値を抽出し、それぞれのケースでヒストグラムを描画します。実装と結果は、次のコード 5.4.15 です。

コード 5.4.15　petal_width の値別の潜在変数 s のヒストグラム

```
1    # df_heads のインデックスを抽出
2    indexes, n_indexes = df_heads.index, len(df_heads)
3
4    # 潜在変数 s のサンプル値から、index=7, 1, 27, 60, 50 の値を抽出
5    sval = idata1.posterior['s'][:,:,indexes].values.reshape(-1,n_indexes).T
6
7    # それぞれのケースでヒストグラムの描画
8    plt.rcParams['figure.figsize']=(15,3)
9    vlist = df_heads['petal_width']
10   fig, axes = plt.subplots(1, n_indexes)
11   for ax, item, value, index in zip(axes, sval, vlist, indexes):
12       f = pd.DataFrame(item)
```

```
13        f.hist(ax=ax, bins=2)
14        ax.set_ylim(0,2000)
15        ax.set_title(f'value={value} index={index}')
16    plt.tight_layout();
```

▷ 実行結果（グラフ）

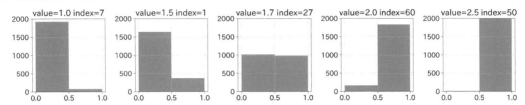

　コード 5.4.15 の 5 行目は、NumPy の機能を駆使したかなりトリッキーな実装になっています。プログラミングが得意でない読者は、**ベイズ推論で得られた潜在変数のサンプル値**のうち、**観測値** (`petal_width`)**の値**が [1.0, 1.5, 1.7, 2.0, 2.5] **となるケースを 1 ケースずつ抽出**して、**それぞれのケースにおける 1 と 0 の値の個数をヒストグラム表示**しているという目的だけ押さえてもらえればよいです注2。

　一番左の value=1.0 のケースでは、ほとんどの場合潜在変数は 0 の値をとっていました。しかし、ごくわずかではありますが、1 の値をとることもあったようです。

　value の値が大きくなるにつれて、潜在変数値が 1 になる比率が高くなり、一番右の value=2.5 のケースでは、ほとんどの場合潜在変数値が 1 になっています。

　**「潜在変数」**は、外から見えずイメージが持ちにくいため、こんな実験をしてみました。この実験結果で、潜在変数の働きをイメージできたのではないかと思います。

---

注2　プログラミングが得意な読者は、今回の s のような配列型の確率変数のサンプル値は、idata.posterior['s'] によって [(chain 数 ), ( サンプリング試行数 ( 最大値が draw-1)), ( 元の配列インデックス )] の三階の配列がかえってくるということをヒントに、このコードを読み解いてみてください。

## 潜在変数モデルにおけるベイズ推論のツボ

　潜在変数モデルは、こんなことができるのかという意味での技術観点で面白く、いかにもベイズ推論らしい手法です。一方で難易度が高く、実データでなかなか意図した動きを作ることができない確率モデルでもあります。

　当コラムは、著者が自分の経験に基づいて、潜在変数モデルをうまく動かすためのコツをまとめたものです。まず、本節で取り扱った潜在変数モデル構造図を再掲します。

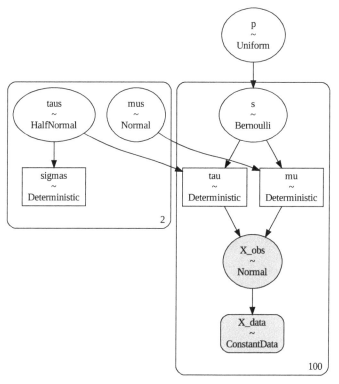

図 5.4.4（再掲）　確率モデル構造図

　今回の事例に限っていえば、正規分布のパラメータ指定を tau 経由とすることで推論がうまくいきました。一般的には、潜在変数モデルでの推論は、推論対象の変数が大量にある場合が多いので、よりいっそう確率モデルを注意深く設計しなければならないといえます。

**意図しない結果になる確率モデル**

　論より証拠で、5.4.3 項のコード 5.4.7 でうまくいった確率モデルに対して、tau でなく sigma でバラツキを入力するパターンを試してみます。次のコード 5.4.16 では、確率モデル定義と確率モデルの可視化まで行いました。

コード 5.4.16 確率モデル定義と可視化（意図しない結果になるケース）

```
1   model2 = pm.Model()
2
3   with model2:
4       # X の観測値を ConstantData として定義
5       X_data = pm.ConstantData('X_data', X)
6
7       # p: 潜在変数が 1 の値をとる確率
8       p = pm.Uniform('p', lower=0.0, upper=1.0)
9
10      # s: 潜在変数  p の確率値をもとに 0，1 のいずれかの値を返す
11      s = pm.Bernoulli('s', p=p, shape=N)
12
13      # mus: 2 つの花の種類ごとの平均値
14      mus = pm.Normal('mus', mu=0.0, sigma=10.0, shape=n_components)
15
16      # sigmas: 2 つの花の種類ごとのバラツキ
17      sigmas = pm.HalfNormal('sigmas', sigma=10.0, shape=n_components)
18
19      # 各観測値ごとに潜在変数から平均値と標準偏差を求める
20      mu = pm.Deterministic('mu', mus[s])
21      sigma = pm.Deterministic('sigma', sigmas[s])
22
23      # 正規分布により x の値を求める
24      X_obs = pm.Normal('X_obs', mu=mu, sigma=sigma, observed=X_data)
25
26  # 確率モデル構造可視化
27  g = pm.model_to_graphviz(model2)
28  display(g)
```

▷ 実行結果（グラフ）

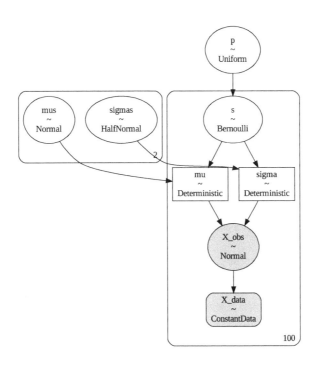

次のコード 5.4.17 ではサンプリングと、plot_trace 関数による結果分析まで行いました。

コード 5.4.17　サンプリングと plot_trace 関数呼び出し

```
1    with model2:
2        # サンプリング
3        idata2 = pm.sample(random_seed=42, chains=1, target_accept=0.998)
4
5    # plot_trace 関数で推論結果の確認
6    az.plot_trace(idata2, var_names=['p', 'mus', 'sigmas'], compact=False)
7    plt.tight_layout();
```

▷ 実行結果（グラフ）

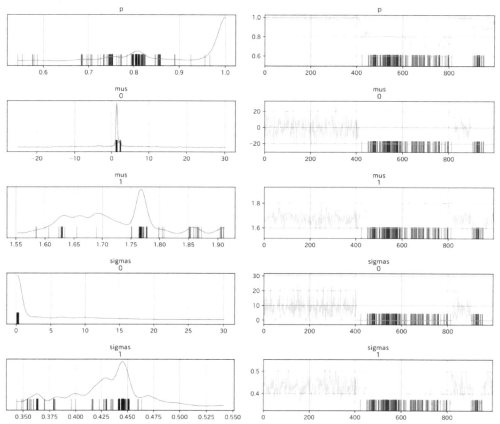

　まず、右上の確率変数 p の値の推移グラフを見てください。下部に縦のバーが大量にでている箇所と、バーがない箇所があります。バーの出ている状態は**推論計算で divergence（発散）が起きている**ことを示しています。4 章と 5.2 節のコラムで解説したとおり、これはベイズ推論がうまくいっていないことを示しています。

　では、バーの出ていない区間は問題ないのでしょうか。今、注目している右上の確率変数 p の推移グラフの場合、0 から 400 までの区間がこれに該当しています。この場合は、縦軸の p の値に注

目してください。この区間でpの値がほぼ1.0に張りついていることがわかります。潜在変数モデルの場合、2つのグループの比率を示すpの値は0または1の状態が安定解になることが多いです。この値は**数学的には安定解**かもしれませんが、**2つのクラスを分類するという潜在変数モデル本来の目的はまったく果たせていない**ことになり、意味のある結果ではないです。また、この区間（0から400まで）は、`mu[0]`や`sigma[0]`も10や20といった本来あり得ない値をとる形になっており、このこともベイズ推論がうまくできていないことの傍証となります。

コード5.4.17の`plot_trace`関数の結果グラフは、**ベイズ推論がうまくいかないときにグラフがどうなるのか**を説明するよい材料であったため、何がいけないかを詳しめに解説しました。

### ラベルスイッチが起きない確率モデル

本節の実習では、ラベルスイッチの発生を防ぐため、サンプリング実施時に`chains=1`のパラメータ指定をしました。

やや複雑な構造にはなりますが、確率モデルの作り方を工夫すると、ラベルスイッチが発生しないベイズ推論モデルを作ることも可能です[注3]。その例をコード5.4.18で紹介します。今回も確率モデル定義から、確率モデル可視化まで一気に行います。

コード5.4.18　ラベルスイッチが起きない確率モデル

```
1     # 変数の初期設定
2
3     # 何種類の正規分布モデルがあるか
4     n_components = 2
5
6     # 観測データ件数
7     N = X.shape
8
9     model3 = pm.Model()
10
11    with model3:
12        # Xの観測値をConstantDataとして定義
13        X_data = pm.ConstantData('X_data', X)
14
15        # p: 潜在変数が1の値をとる確率
16        p = pm.Uniform('p', lower=0.0, upper=1.0)
17
18        # s: 潜在変数  pの確率値をもとに0, 1のいずれかの値を返す
19        s = pm.Bernoulli('s', p=p, shape=N)
20
21        # mus: 2つの花の種類ごとの平均値
22        mu0 = pm.HalfNormal('mu0', sigma=10.0)
23        delta0 = pm.HalfNormal('delta0', sigma=10.0)
24        mu1 = pm.Deterministic('mu1', mu0+delta0)
25        mus = pm.Deterministic('mus',pm.math.stack([mu0, mu1]))
```

注3　ラベルスイッチの発生自体は、事後分布の性質を正しく反映しているという観点で本来あるべき動きといえます。一方で、ラベルスイッチが発生してしまうと、確率変数の平均値の取得など、プログラミング上の後工程がややこしくなるのも事実です。ここからの解説は実用上の便利さの観点での工夫と考えてください。

```
26
27          # taus: 2つの花の種類ごとのバラツキ
28          # 標準偏差 sigmas との間には taus = 1/(sigmas*sigmas) の関係がある
29          taus = pm.HalfNormal('taus', sigma=10.0, shape=n_components)
30
31          # グラフ描画など分析で sigmas が必要なため、taus から sigmas を求めておく
32          sigmas = pm.Deterministic('sigmas', 1/pm.math.sqrt(taus))
33
34          # 各観測値ごとに潜在変数から mu と tau を求める
35          mu = pm.Deterministic('mu', mus[s])
36          tau = pm.Deterministic('tau', taus[s])
37
38          # 正規分布に従う確率変数 X_obs の定義
39          X_obs = pm.Normal('X_obs', mu=mu, tau=tau, observed=X_data)
40
41    g = pm.model_to_graphviz(model3)
42    display(g)
```

▷ 実行結果（グラフ）

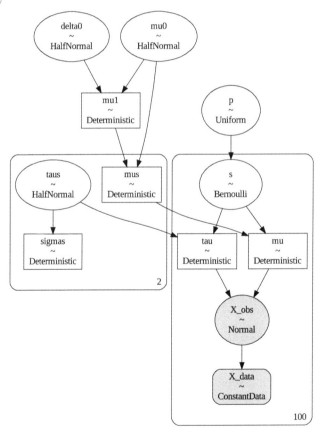

重要な点は平均値の確率変数の配列 mus の作り方です。次の手順で作ります。

1. （正の値しかとらない）半正規分布の確率変数 mu0 と delta0 を定義します。
2. 確率変数 mu1 を mu1 = mu0 + delta0 の計算式により定義します。
3. mu0 と mu1 を 2 要素の配列としてまとめて確率変数 mus として定義します。

　最後の処理の実装はコード 5.4.18 の 25 行目が該当しており、ここで pm.math.stack 関数を使っているところがポイントです。このような実装にすることで、確率変数 mus において、常に mus[0]<mus[1] の関係が成り立つようになり、このことによってラベルスイッチの発生が防げることになります。
　コード 5.4.19 では、この確率モデルに対してサンプリングと、plot_trace 関数呼び出しを一気に行います。

コード 5.4.19　サンプリングと plot_trace 関数呼び出し

```
1    with model3:
2        # サンプリング
3        idata3 = pm.sample(random_seed=42, target_accept=0.999)
4
5    # plot_trace 関数で推論結果の確認
6    az.plot_trace(idata3, var_names=['p', 'mus', 'sigmas'], compact=False)
7    plt.tight_layout();
```

▷実行結果（グラフ）

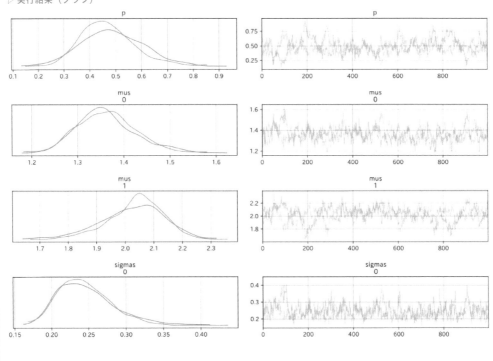

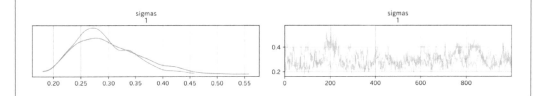

　5つの左側の分布グラフを見ると、2つのサンプルデータ系列の波形がほぼ重なっており、**ラベルスイッチの問題を起こさずに潜在変数モデルのベイズ推論ができている**ことが読みとれます。

　紙面の関係で、解説と結果は記載しませんが、Notebook では、この後で summary 関数による統計分析結果の取得と、ヒストグラムと正規分布関数の重ね描きの実装コードも含めています。Notebook の結果から、コラムで作った確率モデルでも、本編の確率モデルと同様の結果が得られていることを確認するようにしてください。

# 第6章

# ベイズ推論の業務活用事例

　前章では**階層ベイズ**や**潜在変数モデル**といった、かなり高度な確率モデルを含めていろいろなパターンのベイズ推論を実装面で学んできました。そのすべての題材を**アイリス・データセット**から作れたという点において、著者も学習用データとしてのアイリス・データセットの便利さを再認識しました。一方で、このデータの最大の課題は、業務活用とのつながりを一切持てない点です。

　本章は、前章のこの課題を補う目的で構成しました。本章で紹介する 3 つのユースケースは、いずれも読者の皆さんが自分の身の回りの業務で応用可能なものとなっています。読者に、本章の事例を通じて**ベイズ推論の業務活用イメージ**を持っていただき、実際の業務でも活用していただけるのであれば、著者にとってこんなにうれしいことはありません。

　本章で具体的に取り上げるテーマは次の 3 つになります。

| 節番号 | タイトル | 概要 |
|---|---|---|
| 6.1 | AB テストの効果検証 | **AB テスト**は Web ページの改善案が有効なのかを試したいときに、比較的簡単に試すことができる検証方法です。その反面、検証結果を正しく評価するためには数学・統計的な知識が必要です。ベイズ推論を用いると、**AB テストの結果評価を直感的にわかりやすく行う**ことができます。 |
| 6.2 | ベイズ回帰モデルによる効果検証 | 機械学習で回帰モデルを作成する場合、非常に多い利用形態が、予測結果を利用するのでなく、**各説明変数の寄与度を分析し**そこから知見を導出する方法です。この場合、**ベイズ推論で各説明変数の寄与度が確率分布としてわかる**ことは効果的な分析方法となります。6.2 節では **LSL-DR**（Listening and Spoken Language Data Repository）の**実データ**を用いて回帰モデルを構築し、**各説明変数の寄与度分析**を行います。 |
| 6.3 | IRT によるテスト結果評価 | ベイズ推論の特徴の 1 つは、ベースとなる**数学モデルの定義を厳密に**できれば、対応する**ベイズ推論モデルを構築**し、観測値から推論結果を得ることができる点です。6.3 節では **IRT(Item Response Theory)** と呼ばれる、テスト評価で汎用的に用いられる数学モデルをベースにベイズ推論モデルを構築し、その推論結果をどう活用するかについて説明します。 |

## 6.1 ABテストの効果検証

### 6.1.1 問題設定

　Web システムにおける改善案評価の手法として、**AB テスト**という方法がよく用いられます。AB テストの概念自体は 1920 年代にフィッシャーによって考案された[注1] のですが、実験の場としての Web システムとの相性が非常にいいため、今では特に Web システムを利用したマーケティング活動で多用される手法となっています。考え方として、従来の手法 (A) とある仮説に基づき従来の手法を改善した手法 (B) の 2 つを用意し、実験対象[注2] にランダムに 2 つの方法を提示します。それぞれのパターンで、**目的とする指標値[注3] の違いを統計的に調べる**ことで、効果の有無を判断します。

　ここまでの背景説明で、カンのよい読者は、AB テストとベイズ推論の関係について想像が付いたと思います。そうです。最後にハイライトした「**目的とする指標値の違いを統計的に調べる**」ことは、まさに**ベイズ推論で最も得意とする領域**なのです。それでは、AB テストの効果検証をベイズ推論でやってみることにしましょう。以下で示す検証結果は、想定で作ったものです。しかし、数値を読者の業務における検証結果と差し替えると、確率モデルはそのまま活用可能です。つまり、これから紹介する仕組みは、**すぐに活用可能なベイズ推論モデル**ということができます。

> 　鈴木さんと山田さんは、それぞれ自分の担当の Web ページを持っており、担当ページに改善を加えました。そして、改善後のページ B と従来のページ A をランダムに提示する AB テストを実施し、効果検証をしました。
>
> 　その結果が表 6.1.1 のとおりであった場合、2 人それぞれの改善に効果があったかどうかを判断したいということがビジネス上の課題と考えてください。

表 6.1.1　2 人の AB テスト結果

| | | 鈴木さん | 山田さん |
|---|---|---:|---:|
| 従来のページ A | 表示数 | 40 | 1200 |
| | クリック数 | 2 | 60 |
| | クリック率 | 5% | 5% |
| 改善後のページ B | 表示数 | 25 | 1600 |
| | クリック数 | 2 | 110 |
| | クリック率 | 8% | 6.88% |

---

注 1　当時の利用目的は肥料と作物の収穫の関係を知ることでした。
注 2　Web システムの場合閲覧ユーザー。
注 3　Web システムの場合、アプリ画面のクリック率などが該当します。

読者が鈴木さんと山田さんの上司であったと想像してください。上の検証結果の数字だけ見て、鈴木さんと山田さん、2人のうちどちらのページの改善案が効果的だったのか、そして優先度を上げて実装するべきでしょうか。単純に**クリック率の上昇値**だけ見ると、鈴木さんが3%、山田さんが1.88%なので、**鈴木さんの方が結果がよさそう**にも思えます。しかし、表示数（サンプル数）が鈴木さんと山田さんでは大きく異なります。鈴木さんの方は表示数が少ないため、**たまたまうまくいっている可能性もありそう**です。このあたりの**モヤモヤした話を客観的に数値で評価したい**という要望が業務要件なのであれば、それはそのまま**ベイズ推論の出番**ということになります。

## 6.1.2 確率モデル定義（鈴木さんの場合）

それでは、上の検証結果を使って確率モデル定義を行ってみましょう。まず、上の検証結果に対してどのような確率モデルが適用できるのかを考えます。議論を簡単にするため、鈴木さんの従来のページ A に対する検証結果を言い換えてみます。すると、次のようになることがわかります。

「鈴木さんの Web アプリの画面 A を 40 人に提示したところ、2 人が目標とするリンクをクリックした」

「**鈴木さんの Web アプリの画面 A を提示したところ、目標とするリンクをクリックする確率**」を p_s_a とします。上の例の場合 p_s_a=2/40 となります。

さらに、特定のユーザー 1 人に着目します。すると、**クリックする =1、クリックしない =0 の 2 つの値を取り得る**確率モデル、つまり**ベルヌーイ分布**であり、ベルヌーイ分布の特性を決めるパラメータ p が、この場合 p_s_a に該当することがわかります。

結局、今回分析対象に設定した業務シナリオは、数学的には 3 章・4 章で詳しく調べた「**くじ引き問題**」**と数学的に同じ**と見なせるということです[注4]。

4 章では、この数学的問題に対して、特定の 1 回の試行結果と対応する確率変数と観測値に基づいて予測する、**ベルヌーイ分布**に基づく方法と、条件の同じ試行を複数回実施した場合、試行回数と成功回数の集計結果だけを観測値として用いる、**二項分布**に基づく方法の 2 つがあることを説明し、結果はどちらのアプローチでもまったく同じになることを示しました。今回は、観測値として与えられているデータは集計後の数字のみです。なので、後者の**二項分布を利用する方法が適している**ことになります。

ここから先の議論はいったん、鈴木さんの 2 つの画面の効果検証ということに絞り込みます。評価の枠組みが決まれば、数値だけ入れ替えて山田さんの評価も簡単にできるはずだからです。3 章・4 章で学習した方法により、鈴木さんの画面 A に対する**クリック率 p_s_a の値**を、1 点の最尤値でなく、**確率分布として求める**ことはできます。そして、同じ確率モデルで観測値の値を入れ替えることで、

---

注4　ここは、本当にこのように考えていいのか、厳密には議論のあるところです。くじ引きの機械の場合、引いたくじをくじ引きのたびに機械に戻すことを前提にすれば、「1 回 1 回のあたりの確率は同一である」という仮説は納得できるものでした。しかし Web のクリック率予測の場合、Web ページにアクセスしたユーザーの属性によりクリック率が変化すると考えた方が自然だからです。本節の問題設定としては、「N 人のユーザーが Web ページにアクセスした場合のクリック率は、1 人の仮想的なユーザーが N 回 Web ページにアクセスした場合のクリック率で近似できる」という仮定も追加していると考えた方がより厳密になります。統計的観点で、この前提はそれほど無理のある仮定ではないと考えられます。参考までに「複数のユーザーの違いまで織り込んだ確率モデルを作る」という話は 6.3 節の実習で学習します。

鈴木さんの画面 B に対するクリック率 `p_s_b` に対しても確率分布を求めることができます。

　問題は、その先のステップ、つまり「**画面 B の方が画面 A より優れているかどうかをどのように判断したらいいか**」です。ここでベイズ推論の特徴である**サンプル値**の概念が役立ちます。サンプル値は、**その回数分（デフォルト設定では 2000 回分）のクリック率**（`p_s_a` と `p_s_b`）**のセットを含んでいる**と考えることもできるのです。すると、**2 つの確率変数の差（ここでは `delta_prob_s` とします）を新しい確率変数として定義**可能です。 この値が正か負かで、画面 A と画面 B でどちらがクリック率が高いかを判断することができるのです。

　全体としてどうなのかを知りたいのであれば、新しい確率変数の確率分布を調べ、その値が正である比率を調べればよいことになります。

　では、以上で説明した内容を実装コードにしてみましょう。慣れない読者に向け、やや丁寧な説明をしましたが、やるべきことをコードで示すと恐ろしく簡単です。コード 6.1.1 がその実装になります。

コード 6.1.1　AB テスト効果検証のための確率モデル定義 ( 鈴木さんの場合 )

```
 1   model_s = pm.Model()
 2
 3   with pm.Model() as model_s:
 4       # 事前分布として一様分布を採用
 5       p_s_a = pm.Uniform('p_s_a', lower=0.0, upper=1.0)
 6       p_s_b = pm.Uniform('p_s_b', lower=0.0, upper=1.0)
 7
 8       # 二項分布で確率モデルを定義
 9       # n: 表示数　observed: ヒット数　とすればよい
10       obs_s_a = pm.Binomial('obs_s_a', p=p_s_a, n=40, observed=2)
11       obs_s_b = pm.Binomial('obs_s_b', p=p_s_b, n=25, observed=2)
12
13       # 新たな確率変数として 2 つの確率変数の差を定義
14       delta_prob_s = pm.Deterministic('delta_prob_s', p_s_b - p_s_a)
15
16   # 確率モデル構造可視化
17   g = pm.model_to_graphviz(model_s)
18   display(g)
```

▷ 実行結果（グラフ）

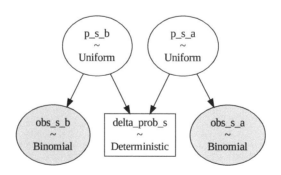

コード 6.1.1 の 11 行目までは、2 つの異なる観測値の組で 2 種類の確率モデルを作っただけです。4 章の復習をしているだけで新しい内容はありません。4 章と比較して唯一新しい部分が 14 行目の

```
delta_prob_s = pm.Deterministic('delta_prob_s', p_s_b- p_s_a)
```

の実装です。ここでは 2 つの確率値を示す**確率変数の差を新しい確率変数として定義**しています。

### 6.1.3 サンプリングと結果分析

確率モデル定義ができたら、サンプリングと結果分析に進みます。サンプリングの実装はコード 6.1.2 です。

コード 6.1.2　サンプリング

```
1    with model_s:
2        idata_s = pm.sample(random_seed=42, target_accept=0.99)
```

デフォルトの target_accept 値でサンプリングをした場合、この次のステップの確率分布グラフの波形が多少不安定だったので、厳しめに target_accept=0.99 の設定をしています。
　次に、いつものように plot_trace 関数でベイズ推論結果の確認をします。実装と結果はコード 6.1.3 です。

コード 6.1.3　plot_trace 関数で推論結果の確認

```
1    az.plot_trace(idata_s, compact=False)
2    plt.tight_layout();
```

▷ 実行結果（グラフ）

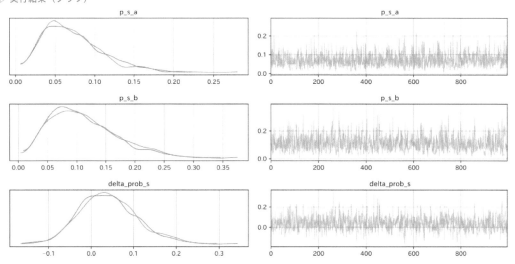

まず右側の 3 つのグラフで、特定の繰り返し回数（x 軸）で値の偏りがないかを確認します。今回は、均等にバラけていて、特に問題なさそうです。次に左側の 3 つの確率分布のグラフを確認します。青とオレンジの 2 つのグラフはほぼ重なっているので、問題なくベイズ推論ができていると判断されます。試行回数が少ないため、p_s_a と p_s_b では、かなり裾野の広い分布になっています。その影響で、delta_prob_s の分布では、値がマイナスになっている領域が相当ありそうです。

　今、注目している確率変数である delta_prob_s に関しては、plot_posterior 関数を利用して確率密度関数を確認します。コード 6.1.4 では値が負の領域を塗りつぶす実装も加えました。

コード 6.1.4　delta_prob_s の分布を可視化

```
1    ax = az.plot_posterior(idata_s, var_names=['delta_prob_s'])
2    xx, yy = ax.get_lines()[0].get_data()
3    ax.fill_between(xx[xx<0], yy[xx<0]);
```

▷ 実行結果（グラフ）

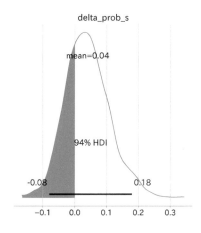

　delta_prob_s の分布グラフで、負の値をとる領域がかなりありました。次のコード 6.1.5 では、サンプル値から、その比率を実際に計算しています。

コード 6.1.5　画面 A のほうがクリック率が高い確率を計算

```
1    # サンプリング結果から delta_prob の値を抽出
2    delta_prob_s = idata_s['posterior'].data_vars['delta_prob_s']
3    delta_prob_s_values = delta_prob_s.values.reshape(-1)
4
5    # delta_prob の値がマイナスであった件数
6    n1_s = (delta_prob_s_values < 0).sum()
7
8    # 全体サンプル数
9    n_s = len(delta_prob_s_values)
10
11   # 比率計算
12   n1_rate_s = n1_s/n_s
```

```
13
14    print(f' 鈴木さんケース　画面 A の方がクリック率が高い確率：{n1_rate_s*100:.02f}%')
```

▷ 実行結果（テキスト）

> 鈴木さんケース　画面 A の方がクリック率が高い確率：29.45%

　確率変数 delta_prob_s が負の値をとる、つまり画面 A の方がクリック率が高い確率が約 29% あることがわかりました。**「画面 B の方がクリック率が高い」という仮説は 3 回に 1 回ははずれる**ということになります。結論として、現段階で鈴木さんのテスト結果から**「画面 B の方がクリック率が高い」という仮説を立てることには相当のリスクがある**ことがわかりました。見た目の **3% のクリック率増加は、サンプル数が少ないためたまたまそうなっている可能性**があり、実際にはその仮説が覆ってしまう可能性が残っているということです。

## 6.1.4 山田さんの場合

　これで鈴木さんの AB テストの効果検証は終わりました。今度は山田さんの AB テスト結果について同じ分析をします。こちらに関しては、クリック率の増加値こそ、鈴木さんより小さかったですが、検証データのサンプル数がはるかに多いため、確実に改善効果があったようにも思われます。実際のところがどうなのかをベイズ推論で確認しましょう。

　今回の実装は、観測値が差し替わるだけでそれ以外は、今まで説明した鈴木さんの場合とまったく同じです。なので、確率モデル構築、サンプリング、結果分析まで 1 つのセルで一気にやってしまいます。実装はコード 6.1.6 です。

コード 6.1.6　山田さんの場合で AB テスト効果検証

```
1     model_y = pm.Model()
2
3     with pm.Model() as model_y:
4         # 事前分布として一様分布を採用
5         p_y_a = pm.Uniform('p_y_a', lower=0.0, upper=1.0)
6         p_y_b = pm.Uniform('p_y_b', lower=0.0, upper=1.0)
7
8         # 二項分布で確率モデルを定義
9         # n: 表示数　observed: ヒット数　とすればよい
10        obs_y_a = pm.Binomial('obs_y_a', p=p_y_a, n=1200, observed=60)
11        obs_y_b = pm.Binomial('obs_y_b', p=p_y_b, n=1600, observed=110)
12
13        # 新たな確率変数として 2 つの確率変数の差を定義
14        delta_prob_y = pm.Deterministic('delta_prob_y', p_y_b - p_y_a)
15
16    # サンプリング
17    with model_y:
18        idata_y = pm.sample(random_seed=42, target_accept=0.99)
19
```

```
20      # trace の確認
21      az.plot_trace(idata_y, compact=False)
22      plt.tight_layout();
23      plt.show()
24
25      # delta_prob_y の分布を可視化
26      ax = az.plot_posterior(idata_y, var_names=['delta_prob_y'])
27      xx, yy = ax.get_lines()[0].get_data()
28      ax.fill_between(xx[xx<0], yy[xx<0]);
```

▷ 実行結果（グラフ）

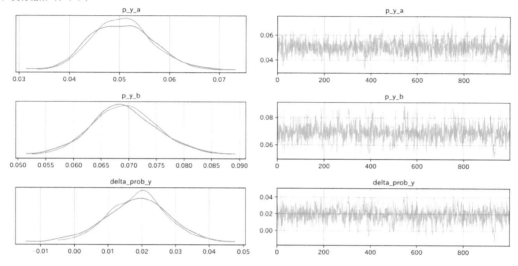

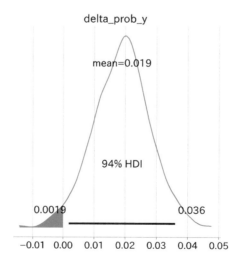

　今回は、鈴木さんと比較して試行回数が多いため、p_y_a と p_y_b の分布がかなり絞り込まれた形になっています。その結果、delta_prob_y の分布は、そのほとんどの領域がプラスの値になりました。

コード 6.1.7 ではそのことを数値で確認しています。

コード 6.1.7　delta_prob_y が負の値をとる確率の計算

```
1    # サンプリング結果から delta_prob の値を抽出
2    delta_prob_y = idata_y['posterior'].data_vars['delta_prob_y']
3    delta_prob_y_values = delta_prob_y.values.reshape(-1)
4
5    # delta_prob の値がマイナスであった件数
6    n1_y = (delta_prob_y_values < 0).sum()
7
8    # 全体サンプル数
9    n_y = len(delta_prob_y_values)
10
11   # 比率計算
12   n1_rate_y = n1_y/n_y
13
14   print(f' 山田さんケース　画面 A の方がクリック率が高い確率：{n1_rate_y*100:.02f}%')
```

▷ 実行結果（テキスト）

```
1    山田さんケース　画面 A の方がクリック率が高い確率：2.30%
```

　A の方がクリック率が高い確率が約 2% になりました。逆に B の方がクリック率が高い確率が約 98% ということになります。よほど慎重な性格の方なら「まだ安心できない」と考えるかもしれませんが、通常のビジネスのオペレーションを考えるにあたっては、98% というのは十分な確度です。本節の冒頭で設定した問題に即していうと、確実に効果が期待できるのは山田さんの方なので、山田さんの方を優先して実装を行うという結論になります。一方、鈴木さんの結果がよくわからないのは、サンプル数が少ないことに起因しています。鈴木さんに対しては「テストを継続して実施し、サンプル件数を増やす」ことを直近の対策にすることがよさそうです。

## 6.1.5 確率モデルを直接使った別解

　本節の冒頭で設定した問題への答えは 6.1.4 項ですでに出ています。これ以上、このテーマで議論することはないようにも思えますが、違います。実は、AB テストの効果検証にはまったく別の手法もあるのです。本項では、そのやり方を説明します。

　この話は、4.9 節のコード 4.16 で説明した話と深く関係しています。復習すると、今回、予測対象にした二項分布の確率変数の場合、**確率値 p を新しい確率変数と定義するとその分布はベータ分布になる**ことが数学的に示されています。この数学的な性質を利用すれば、sample 関数によるサンプリング（MCMC 利用）を行わなくても、指定した条件に従うベータ分布の乱数値を直接生成し、この乱数同士で引き算をすれば、本節の例題で示したのと同じ結果が得られるはずです[注5]。このことを実

---

注5　この手法を用いる場合、MCMC によるサンプリングはしていませんが、事後分布として得られた確率分布により、統計分析をしています。よって、この手法もベイズ推論の一種であるといえます。

際に試してみましょう。まずは鈴木さんの実験結果を用いたシミュレーションです。実装をコード6.1.8 に示します。

コード 6.1.8　鈴木さんの AB テスト結果をもとにしたベータ分布によるシミュレーション

```
1   # 画面 A 成功 2 回　失敗 38 回
2   alpha_a = 2 + 1
3   beta_a = 38 + 1
4
5   # 画面 B 成功 2 回　失敗 23 回
6   alpha_b = 2 + 1
7   beta_b = 23 + 1
8
9   model_s2 = pm.Model()
10  with model_s2:
11      # 確率モデル定義
12      # pm.Beta: ベータ分布
13      # alpha: 注目している試行の成功数 +1
14      # beta: 注目している試行の失敗数 +1
15      p_a = pm.Beta('p_a', alpha=alpha_a, beta=beta_a)
16      p_b = pm.Beta('p_b', alpha=alpha_b, beta=beta_b)
17
18      # サンプル値取得
19      samples_s2 = pm.sample_prior_predictive(random_seed=42, samples=10000)
20
21  # サンプル値抽出
22  p_a_samples_s2 = samples_s2['prior']['p_a'].values.reshape(-1)
23  p_b_samples_s2 = samples_s2['prior']['p_b'].values.reshape(-1)
24  delta_a_b_s2 = p_b_samples_s2 - p_a_samples_s2
25
26  # delta_prob の値がマイナスであった件数
27  n1_s2 = (delta_a_b_s2 < 0).sum()
28
29  # 全体サンプル数
30  n_s2 = len(delta_a_b_s2)
31
32  # 比率計算
33  n1_rate_s2 = n1_s2/n_s2
34
35  # 可視化
36  ax = az.plot_dist(delta_a_b_s2)
37  xx, yy = ax.get_lines()[0].get_data()
38  ax.fill_between(xx[xx<0], yy[xx<0])
39
40  # グラフタイトル
41  title = f' 鈴木さんケース　画面 A の方がクリック率が高い確率 ( 別解 ):\
42  {n1_rate_s2*100:.02f}%'
43  ax.set_title(title, fontsize=12);
```

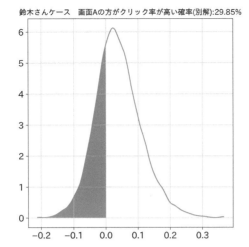

この方式で計算をする際のポイントは、ベータ分布の振る舞いを規定する2つのパラメータ alpha と beta の計算です。二項分布で成功が $N_1$ 回、失敗が $N_2$ 回であった場合、alpha=$N_1$+1、beta=$N_2$+1 の計算式で求められます。

後は、ベータ分布のインスタンスを PyMC で生成し、1章の実習で使った sample_prior_predictive 関数を用いて、確率モデルに基づく乱数を大量に生成し、差の計算を行いました。シミュレーション結果は、A の方が成功率が高い確率が約 30% ということで、6.1.3 項で導出した約 29% とほぼ同じ結果が得られました。

山田さんの場合もまったく同じやり方でシミュレーション計算ができます。実装と結果は、コード 6.1.9 になります。

コード 6.1.9　山田さんの AB テスト結果をもとにシミュレーション

```
1    # A 成功 60 回　失敗 1140 回
2    alpha_a = 60 + 1
3    beta_a = 1140 + 1
4
5    # B 成功 110 回　失敗 1490 回
6    alpha_b = 110 + 1
7    beta_b = 1490 + 1
8
9    model_y2 = pm.Model()
10   with model_y2:
11       # 確率モデル定義
12       # pm.Beta: ベータ分布
13       # alpha: 注目している試行の成功数 +1
14       # beta: 注目している試行の失敗数 +1
15       p_a = pm.Beta('p_a', alpha=alpha_a, beta=beta_a)
16       p_b = pm.Beta('p_b', alpha=alpha_b, beta=beta_b)
17
```

```
18      # サンプル値取得
19      samples_y2 = pm.sample_prior_predictive(random_seed=42, samples=10000)
20
21  # サンプル値抽出
22  p_a_samples_y2 = samples_y2['prior']['p_a'].values.reshape(-1)
23  p_b_samples_y2 = samples_y2['prior']['p_b'].values.reshape(-1)
24  delta_a_b_y2 = p_b_samples_y2 - p_a_samples_y2
25
26  # delta_prob の値がマイナスであった件数
27  n1_y2 = (delta_a_b_y2 < 0).sum()
28
29  # 全体サンプル数
30  n_y2 = len(delta_a_b_y2)
31
32  # 比率計算
33  n1_rate_y2 = n1_y2/n_y2
34
35  # 可視化
36  ax = az.plot_dist(delta_a_b_y2)
37  xx, yy = ax.get_lines()[0].get_data()
38  ax.fill_between(xx[xx<0], yy[xx<0])
39
40  # グラフタイトル
41  title = f' 山田さんケース　画面 A の方がクリック率が高い確率 ( 別解 ):\
42  {n1_rate_y2*100:.02f}%'
43  ax.set_title(title, fontsize=12);
```

▷ 実行結果（グラフ）

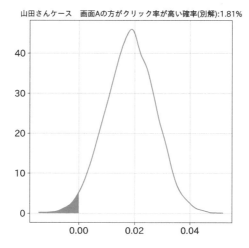

山田さんケース　画面Aの方がクリック率が高い確率(別解):1.81%

　画面 A の方がクリック率が高い確率は約 2% という結果になり、ベイズ推論と同じ結果になりました。統計学の知識を用いれば、こんな方法でも、本節の問題設定を満たす分析を行うことができます。

**参考文献**

飯塚修平『ウェブ最適化ではじめる機械学習』オライリー・ジャパン（2020）
https://www.oreilly.co.jp/books/9784873119168/

---

✏ ░░░░ `Column` ░░░░░░░░░░░░░░░░░░░░░░░░░░░░░░░░░░░░░░░░░░░░░░░░░░░░

## ABテスト評価にPyMCのsample関数によるベイズ推論を使う必要はないのか

6.1.5項で説明した話は、統計学で一般的に知られている事実です。ここから先は、著者の考え方の説明なので、コラムの形にしました。

ネットの記事などでよく書かれている話として、「ABテスト評価は6.1.5項の方法で可能。だから、わざわざこの目的でPyMCのsample関数を用いてベイズ推論する必要はない」というものがあります。

著者はこの点に関して、本当にそうなのかと考えます。6.1.2項と6.1.3項で示したPyMCによる評価方法は、PyMCの使い方さえマスターすれば、直感的に一瞬でできる方法です。

これに対して6.1.5項の方法は、前提にベータ分布など、ある程度の数学・統計学の知識が必要です。数学があまり得意でない読者にとっては、それだけで近づきがたい話になってしまうと思うのです。

本節で紹介したABテスト評価にベイズ推論を使う方法は

- 考え方がシンプルで直感的にわかりやすい
- 本書で提供しているひな形コードがあれば、4カ所の観測値さえ書き換えればすぐに業務で適用可能
- 何度も業務で利用しているうちに、サンプル値の活用方法などベイズ推論のキモとなる考え方になじめるようになる

とメリットばかりあるように考えています。読者も、ものは試しでぜひ、このアプローチを業務で試してもらえれば幸いです。

## 6.2 ベイズ回帰モデルによる効果検証

回帰型機械学習モデルの活用法には、大きく分けて「**予測**」「**分析**」の 2 つがあります。「**予測**」はイメージの持ちやすい活用法です。例えばケーキ屋が、曜日、気温、天気などの情報をもとに当日の売上数を予測するなど、**予測結果がそのままビジネスに活用できる方法**です。これに対して「**分析**」は「**予測**」と比較すると活用イメージが持ちにくい方法です。「**分析**」の典型的な手法として教師なし学習のクラスタリングなどがあります。回帰型機械学習モデルに対しても、できあがった機械学習モデルにおける各説明変数の影響度を調べ、影響度の大きな説明変数を見つけ出すことで業務改善に活用する方法が、「**分析**」的なアプローチになります。

本節の冒頭で、改めて回帰型機械学習モデルの活用法を説明したのには理由があります。**ベイズ推論を用いた回帰モデルは、「分析」を目的とした活用法と極めて相性がいいのです。**本節は、**回帰型の機械学習モデルが分析目的で利用されるケースに対してベイズ推論を活用**するパターンと考えてください。

## 6.2.1 問題設定

本節では、Listening and Spoken Language Data Repository（LSL-DR）で提供されているデータ[注6] を用いて、ベイズ推論により線形回帰モデルを構築します。LSL-DR は難聴の子供の音声言語スキルの発達を支援する専門教育プログラムにおける国際的なデータリポジトリです。4 カ国の 48 のプログラムで、5,748 人の難聴の子供の情報から、音声言語の発達に影響を与える要因を調査するデータを収集しています。

このデータセットには、表 6.2.1 のような項目が含まれています。目的変数（score）には、音声言語の発達学習において標準的なスコア の 1 つを用いています。

表 6.2.1　データセットの項目

| 項目名 | 説明 | 項目値 |
|---|---|---|
| score | 能力テストのスコア（目的変数） | 0-144 の整数 |
| male | 性別 | 1/0 |
| siblings | 世帯内の兄弟の数 | 非負整数値 |
| family_inv | 家族の関与の指標 | 0-4 の整数値 |
| non_english | 家庭での主な言語が英語ではないか | True/False |
| prev_disab | 以前の障害の存在 | 1/0 |
| age_test | テスト時の年齢（月単位） | 48-59 の整数 |
| non_severe_hl | 重度の難聴ではないか | 1/0 |
| mother_hs | 被験者の母親が高校卒業以上の学歴を持っているか | 1/0 |
| early_ident | 聴覚障害が生後 3 カ月までに特定されたか | True/False |
| non_white | 非白人 | True/False |

---

注6　https://www.ncbi.nlm.nih.gov/pmc/articles/PMC6105089/

本節の実習はデータ取得を含めて、PyMC のチュートリアルページの内容をひな形としています[注7]。チュートリアルでは「hierarchical regularized horseshoe」と呼ばれる特殊な事前分布を利用することで、通常の回帰モデルにおける「正則化」と同等の効果の得られるベイズモデルを構築しています。本節はその点を**単純な線形回帰モデルに簡略化**しました。チュートリアルの結果と本書の結果を比較すると、94% HDI の範囲を比較する限り、大きな違いはありません。この比較結果から、**単純な確率モデルでも実用上問題ないと判断**し、実習の題材としています。

オリジナルの確率モデルとの違いについては、本節最後のコラムで解説したので、そちらを参照してください。

## 6.2.2 データ読み込み

最初にデータの読み込みを行います。実装はコード 6.2.1 です。

コード 6.2.1　LSL-DR データ読み込み

```
1    # LSL-DR データ読み込み
2    df = pd.read_csv(pm.get_data('test_scores.csv'), index_col=0)
3
4    # 結果確認
5    display(df.head())
```

▷ 実行結果（表）

|   | score | male | siblings | family_inv | non_english | prev_disab | age_test | non_severe_hl | mother_hs | early_ident | non_white |
|---|-------|------|----------|------------|-------------|------------|----------|---------------|-----------|-------------|-----------|
| 0 | 40 | 0 | 2.000 | 2.000 | False | NaN | 55 | 1.000 | NaN | False | False |
| 1 | 31 | 1 | 0.000 | NaN | False | 0.000 | 53 | 0.000 | 0.000 | False | False |
| 2 | 83 | 1 | 1.000 | 1.000 | True | 0.000 | 52 | 1.000 | NaN | False | True |
| 3 | 75 | 0 | 3.000 | NaN | False | 0.000 | 55 | 0.000 | 1.000 | False | False |
| 5 | 62 | 0 | 0.000 | 4.000 | False | 1.000 | 50 | 0.000 | NaN | False | False |

2 行目で利用している pm.get_data 関数は、PyMC で用意されているデータ取得用関数です。事前登録済みのファイルに関して、ファイル名を引数で指定するだけでデータが取得できます。参考までに、この関数により利用可能なデータは下記 URL から確認できます。

https://github.com/pymc-devs/pymc-examples/tree/main/examples/data

データフレームの各列の意味については、6.2.1 項の表 6.2.1 を参照してください。回帰モデルを作

注7　チュートリアルのリンクは以下となります。
　　　（URL）https://www.pymc.io/projects/docs/en/stable/learn/core_notebooks/pymc_overview.html#case-study-1-educational-outcomes-for-hearing-impaired-children
　　　（短縮URL）https://bit.ly/42dtf6i

る際の目的変数は、データフレームの最初の項目である score になります。

## 6.2.3 データ確認

いくつかの観点で読み込んだデータの内容を確認してみます。

### スコアの分布

最初に目的変数 score の分布をヒストグラムで確認します。実装はコード 6.2.2 です。

コード 6.2.2　目的変数 score の分布確認

```
1    bins = np.arange(0, 150, 10)
2    fig, ax = plt.subplots()
3    df['score'].hist(bins=bins, align='left')
4    plt.setp(ax.get_xticklabels(), rotation=90)
5    plt.title(' 目的変数 score スコアの分布 ')
6    plt.xticks(bins);
```

▷ 実行結果（グラフ）

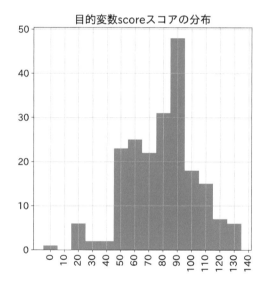

score はおおよそ 100 程度の、正の値をとることがわかりました。この事実は、後ほど確率モデル構築時の事前分布で利用します。

### 統計情報の確認

次に、データフレームの describe 関数を使って統計情報を確認します。実装はコード 6.2.3 です。

```
1    df.describe()
```

▷ 実行結果（表）

|  | score | male | siblings | family_inv | prev_disab | age_test | non_severe_hl | mother_hs |
|---|---|---|---|---|---|---|---|---|
| count | 207.000 | 207.000 | 207.000 | 174.000 | 189.000 | 207.000 | 207.000 | 134.000 |
| mean | 84.193 | 0.512 | 1.126 | 0.977 | 0.238 | 53.546 | 0.415 | 0.701 |
| std | 24.886 | 0.501 | 0.867 | 1.003 | 0.427 | 3.632 | 0.494 | 0.459 |
| min | 0.000 | 0.000 | 0.000 | 0.000 | 0.000 | 48.000 | 0.000 | 0.000 |
| 25% | 68.000 | 0.000 | 1.000 | 0.000 | 0.000 | 50.000 | 0.000 | 0.000 |
| 50% | 87.000 | 1.000 | 1.000 | 1.000 | 0.000 | 54.000 | 0.000 | 1.000 |
| 75% | 98.000 | 1.000 | 2.000 | 2.000 | 0.000 | 57.000 | 1.000 | 1.000 |
| max | 144.000 | 1.000 | 3.000 | 4.000 | 1.000 | 59.000 | 1.000 | 1.000 |

　family_inv は、0 から 4 までの整数値をとっています。表 6.2.1 から age_test の単位は「月」なので、対象の子供は 4 歳から 5 歳であることがわかります。

## データ件数と欠損値の確認

最後に、データ件数と欠損値を確認します。実装はコード 6.2.4 です。

コード 6.2.4　データ件数と欠損値の確認

```
1    # データ件数の確認
2    print(f' データ件数 {len(df)}\n')
3
4    # 欠損値の確認
5    print(df.isnull().sum())
```

▷ 実行結果（テキスト）

```
1    データ件数 207
2
3    score            0
4    male             0
5    siblings         0
6    family_inv      33
7    non_english      0
8    prev_disab      18
9    age_test         0
10   non_severe_hl    0
11   mother_hs       73
12   early_ident      0
13   non_white        0
14   dtype: int64
```

family_inv, prev_disab, mother_hs の 3 項目に欠損値がありました。特に mother_hs の欠損値は全体の 207 行に対して 73 行もあり、対応をどうするか悩ましいところです。

## 6.2.4 データ加工

### 欠損値除去

　データの状況はわかったので、確率モデル構築の準備としてのデータ加工を行います。目的とする機械学習モデルは線形回帰モデルです。目的変数と説明変数のどちらに対しても、欠損値がある状態では確率モデルを作れないので、最初に欠損値を除去します。上の結果でわかるとおり、かなりの数の欠損データがあり、対応は多少悩ましいのですが、チュートリアルは「**欠損値のある行は全部落とす**」という対応をとっていたので、その方針に従うことにします[注8]。実装はコード 6.2.5 です。

コード 6.2.5　欠損値除去

```
1    # 欠損値除去
2    df1 = df.dropna().astype(float)
3
4    # データ件数の確認
5    print(f'データ件数 {len(df1)}\n')
```

▷ 実行結果（テキスト）

```
1    データ件数 101
```

　dropna メソッド呼び出しの後で astype(float) としているのは、線形回帰の予測計算はすべて浮動小数点数型で行われるため、整数型やブーリアン型のデータも今の時点で浮動小数点数型に変えておくのがわかりやすいという理由によります。

　大胆に欠損値除去をした結果、元の 207 件のデータは 101 件まで減ってしまいました。チュートリアルは、この少なくなったデータを使って確率モデルを構築しているので、本節の実習も同じ進め方とします。

### 目的変数 y と説明変数 X への分離

　次に、データフレーム形式のデータ df1 を目的変数 y と説明変数 X に分離します[注9]。実装はコード 6.2.6 です。

コード 6.2.6　目的変数 y と説明変数 X への分離

```
1    y = df1.pop("score")
2    X = df1.copy()
```

---

注8　ベイズ推論で、欠損値に対する方法はこれ以外にも存在します。例えば、欠損値を潜在変数としてモデル化し、その値自体もベイズ推論で推定してしまうというアプローチも存在します。今回の実習は、あくまで紙面の関係で簡易的な方法を用いたと理解してください。
注9　y: 小文字、X: 大文字と使い分けているのは、前者がベクトル、後者が行列であることを示しています。

```
3
4    # X の結果確認
5    display(X.head())
```

▷ 実行結果（表）

|    | male | siblings | family_inv | non_english | prev_disab | age_test | non_severe_hl | mother_hs | early_ident | non_white |
|----|------|----------|------------|-------------|------------|----------|---------------|-----------|-------------|-----------|
| 7  | 0.000 | 2.000 | 3.000 | 1.000 | 1.000 | 50.000 | 1.000 | 1.000 | 0.000 | 1.000 |
| 12 | 1.000 | 1.000 | 0.000 | 0.000 | 0.000 | 48.000 | 1.000 | 1.000 | 1.000 | 0.000 |
| 14 | 0.000 | 2.000 | 0.000 | 0.000 | 0.000 | 58.000 | 1.000 | 1.000 | 1.000 | 1.000 |
| 19 | 1.000 | 0.000 | 2.000 | 0.000 | 0.000 | 50.000 | 1.000 | 1.000 | 1.000 | 1.000 |
| 21 | 1.000 | 1.000 | 2.000 | 0.000 | 1.000 | 58.000 | 0.000 | 0.000 | 1.000 | 1.000 |

　1つ前のコードの astype メソッド呼び出しの効果で、すべての項目が浮動小数点数型になっていることがわかります。

## 正規化

　次に、機械学習モデルを作る場合のお作法で、正規化の処理をします。実装はコード 6.2.7 です。

コード 6.2.7　X の正規化

```
1    X -= X.mean()
2    X /= X.std()
3
4    # 結果確認
5    display(X.head())
```

▷ 実行結果（表）

|    | male | siblings | family_inv | non_english | prev_disab | age_test | non_severe_hl | mother_hs | early_ident | non_white |
|----|------|----------|------------|-------------|------------|----------|---------------|-----------|-------------|-----------|
| 7  | -1.005 | 1.078 | 2.228 | 2.480 | 1.782 | -0.978 | 1.179 | 0.616 | -0.773 | 1.133 |
| 12 | 0.985 | -0.080 | -0.912 | -0.399 | -0.556 | -1.562 | 1.179 | 0.616 | 1.281 | -0.874 |
| 14 | -1.005 | 1.078 | -0.912 | -0.399 | -0.556 | 1.360 | 1.179 | 0.616 | 1.281 | 1.133 |
| 19 | 0.985 | -1.239 | 1.181 | -0.399 | -0.556 | -0.978 | 1.179 | 0.616 | -0.773 | 1.133 |
| 21 | 0.985 | -0.080 | 1.181 | -0.399 | 1.782 | 1.360 | -0.840 | -1.607 | 1.281 | 1.133 |

　機械学習モデルを作る場合、説明変数に関して、絶対値が1前後になるように元データを加工する前処理をするのが常套手段です（決定木系を除く）。このとき、最もよく用いられる手法がコード 6.2.7 で示される正規化です。このルールはベイズ推論の場合でも当てはまる話であり、このことを「お作法」と呼びました。実行結果を見ると、説明変数の値の範囲が意図した形に変換されていることが確認できます。

### ベイズモデル構築に必要な変数定義

データ加工の最後に、ベイズ推論モデル構築に必要な変数定義を行います。具体的には、データ件数とデータ項目数をそれぞれ変数 N, D に、また項目名一覧を columns に設定します。実装はコード 6.2.8 です。

コード 6.2.8　ベイズモデル構築に必要な変数定義

```
1    # データ件数とデータ項目数の設定
2    N, D = X.shape
3
4    # 項目名一覧を columns に設定する
5    columns = X.columns.values
6
7    # 結果確認
8    print(f'N: {N} （データ件数）\n')
9    print(f'D: {D} （説明変数項目数）\n')
10   print(f' 項目名一覧 : {columns}')
```

▷ 実行結果（テキスト）

```
1    N: 101 （データ件数）
2
3    D: 10 （説明変数項目数）
4
5    項目名一覧 : ['male' 'siblings' 'family_inv' 'non_english' 'prev_disab' 'age_test'
6     'non_severe_hl' 'mother_hs' 'early_ident' 'non_white']
```

これでベイズ推論モデル作成向けのデータ加工が完了しました。本書の読者には、解説が細かすぎたかもしれません。**ベイズ推論で機械学習モデルを作る場合も、データ準備までのステップは通常の機械学習モデル構築とまったく同じ**ということが重要なので、その点を理解してください。

## 6.2.5 確率モデル定義

本項の**確率モデル定義からがベイズ独自の話**となります。今回の目標は線形回帰モデルです。線形回帰モデルも細かく見ると 2 種類あり、5.2 節で実装したような、説明変数が 1 つしかない確率モデルを**線形単回帰モデル**というのに対して、本節で取り上げるように複数の説明変数がある確率モデルを**線形重回帰モデル**と呼びます。説明変数が複数になることで、確率モデルの構造も多少複雑にはなりますが、**本質的な部分はほとんど変わらない**ともいえます。

ここからの説明で両者を比較するときに単回帰モデル、重回帰モデルと略した呼び方をする場合もありますが、すべて線形単回帰モデル、線形重回帰モデルのことを指しているので、その点を頭に入れて読み進めてください。以降では、すでに学習した線形単回帰の場合との違いに言及しながら、線形重回帰独自の部分を説明していきます。

まず、単回帰のときに想定していた 1 次関数の式 (6.2.1) が、重回帰ではどうなるかを考えます。

$$y_n = \alpha x_n + \beta + \varepsilon_n \tag{6.2.1}$$

　簡単にいうと、単回帰のときには1要素、つまりスカラーだった $\alpha$ と $xn$ が、重回帰の時にはベクトルになります。

　**スカラー同士の単純な積**だった部分が**ベクトル同士の内積**になります。具体的には、ベクトルになった $\boldsymbol{\alpha}$ と $\mathbf{x}_n$ を使って次の式 (6.2.2) になります[注10][注11]。

$$y_n = \boldsymbol{\alpha} \cdot \mathbf{x}_n^T + \beta + \varepsilon_n \tag{6.2.2}$$

　結論として、$\boldsymbol{\alpha}$ と $\mathbf{x}_n$ の**かけ算がベクトル同士の内積に代わり**、$\beta$ と $\epsilon_n$ の部分は従来通りでいいことになります。

　以下で、5.2節で構築した単回帰モデルの構造図と対比させる形で、本節で構築する重回帰モデルの構造図を示します。

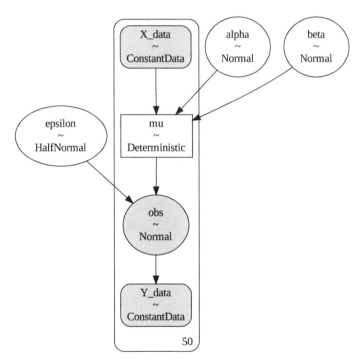

図 6.2.1　5.2 節の単回帰モデルの構造可視化結果

---

注10　数学書では通常ベクトルは縦ベクトルで、横ベクトルを $\mathbf{x}^T$ と表します。しかし、Python の実装コードと向きが逆になり、コードとの対応づけがわかりにくくなります。そこで本書では Python の向きに合わせて横ベクトルを $\mathbf{x}$ と表記することにします。この場合、縦ベクトルは $\mathbf{x}^T$ と表されることになり、ベクトル間の内積は $\boldsymbol{\alpha} \cdot \mathbf{x}^T$ のようになります。
注11　PyMC の実装コードでは、式 (6.2.1) の $x_n$ は観測データ件数と同じ要素数を持つ 1 次元の配列 X で表現されました。式 (6.2.2) の実装コードでは $\mathbf{x}_n$ はデータ次元数と観測データ件数の 2 方向の広がりを持つ行列として表現されます。

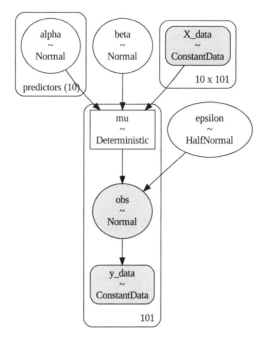

図 6.2.2　6.2 節の重回帰モデルの構造可視化結果

　2 つの可視化結果を見比べると、50/101 のデータ件数の違いを別にすると、**異なるのは alpha と X_data のところだけ**であることがわかります。alpha に関しては、単回帰のときにはスカラーだったのですが、重回帰では 10 個の要素（説明変数の個数）を持つベクトルになっています（predictors の意味は後ほど説明します）。X_data に関しては、単回帰のときは、観測値 Y_data と同じ次元数を持つベクトルだったのが、重回帰では観測データ件数に加えて、10 個の要素（説明変数の個数）の広がりも持つ、行列になっています。この違いは、先ほど説明した式 (6.2.1) と式 (6.2.2) の違いとそのまま対応づいていることになります。

　今回は確率モデル定義の実装コード全体を最初に示し、後で 1 行 1 行解説を加えていきます。確率モデル定義の実装は次のコード 6.2.9、実行結果は先に示した図 6.2.2 です。

コード 6.2.9　確率モデル定義

```
1    # 説明変数リストを predictors として定義
2    model1 = pm.Model(coords={'predictors': columns})
3
4    with model1:
5        # X は従来のベクトルが行列になる。転置していることに注意
6        X_data = pm.ConstantData('X_data', X.T)
7
8        # y が回帰モデルの目的変数
9        y_data = pm.ConstantData('y_data', y)
10
11       # 単回帰のときスカラーだった alpha は重回帰でベクトルになる
```

```
12      # 要素数は predictors により間接的に指定できる ( 上で coords パラメータを指定した効果 )
13      alpha = pm.Normal('alpha', mu=0.0, sigma=10.0, dims='predictors')
14
15      # beta と epsilon は単回帰のときと同じ ( パラメータ値の選定理由は本文で説明 )
16      beta = pm.Normal('beta', mu=100.0, sigma=25.0)
17      epsilon = pm.HalfNormal('epsilon', sigma=25.0)
18
19      # mu の計算では、単回帰のときのかけ算が内積に変わっている
20      mu = pm.Deterministic('mu', alpha @ X_data + beta)
21
22      # 正規分布の定義は 5.2 節の単回帰と同じ
23      obs = pm.Normal('obs', mu=mu, sigma=epsilon, observed=y_data)
24
25  g = pm.model_to_graphviz(model1)
26  display(g)
```

　まず、2 行目の pm.Model のインスタンス生成コードに注目してください。従来、インスタンス生成は引数なしで行っていたのですが、今回初めて coords={'predictors': columns} という引数がついています。今まで構築した確率モデルでも、配列を扱うことはできましたが、配列のインデックスは 0, 1, .... という整数値にするしかありませんでした。しかし、今回取り扱う重回帰モデルでは、項目ごとに別の重みパラメータ alpha が存在します。項目名との対応なしに、数字インデックスで扱うのは、サンプリング結果の分析を行うときにわかりにくいです。

　上のパラメータはこのような課題に対応するための機能です。具体的には、上のような形で pm.Model のインスタンスを定義しておくと、モデルコンテキスト内で、'predictors' という名前で項目名のリストを使うことができるようになります。

　それを具体的に行っているのが 13 行目です。dims='predictors' と、dims パラメータに先ほど定義した 'predictors' を引用することで、alpha という配列は数字のインデックスでなく、**項目名インデックスと対応づく**形になります。具体的な効果については、次項で説明します。

　20 行目の alpha @ X_data + beta が 5.2 節の単回帰のときから変わった点です[注12]。単回帰のときは内積でなく、スカラー間のかけ算 (alpha * x + beta) でした。また、内積計算の準備のため、6 行目で X を転置演算している点にも注意してください[注13]。

　各確率モデルの事前分布の設定値をいつもとは違う設定にしている理由を説明します。今回の確率モデル構築の目的変数である、scores の観測値はおおよそ 100 程度の値であることが統計情報の確認からわかっています。この値と直接関係する beta (1 次関数の定数項に相当) は、事前分布の平均を 100.0 としました。また、beta, epsilon の各確率変数のバラツキを示すパラメータである sigma の値を一律 25.0 と大きめの値にしたのも、scores の値が 100 程度であることによっています。

　もう 1 つの対応方法として、目的変数 scores そのものを 1/100 にすることも考えられますが、今回はチュートリアルの実装にあわせてこのような対応をとりました。以上、5.2 節の単回帰との違いを一通り説明してきました。逆にそれ以外の点はまったく同じ実装です。単回帰と重回帰は、確率モデルの実装上は大きな違いがないということができます。

---

注 12　@ は内積を意味する演算子です。np.dot 関数と同じものと考えてください。
注 13　X が NumPy の行列である場合 X.T によって、行列の行と列を入れ替えた結果 (転置行列と呼ぶ) が返ってきます。

## 6.2.6 サンプリングと結果分析

　確率モデル定義まで終わったのでサンプリングと結果分析に入ります。今回はサンプリングと plot_trace 関数による結果確認まで一気に行います。実装と結果はコード 6.2.10 になります。

コード 6.2.10　サンプリングと plot_trace 関数による結果確認

```
1   with model1:
2       idata1 = pm.sample(random_seed=42, target_accept=0.95)
3
4   # plot_trace 関数で推論結果の確認
5   az.plot_trace(idata1, var_names=['alpha', 'beta', 'epsilon'], compact=False)
6   plt.tight_layout();
```

▷実行結果（グラフ）

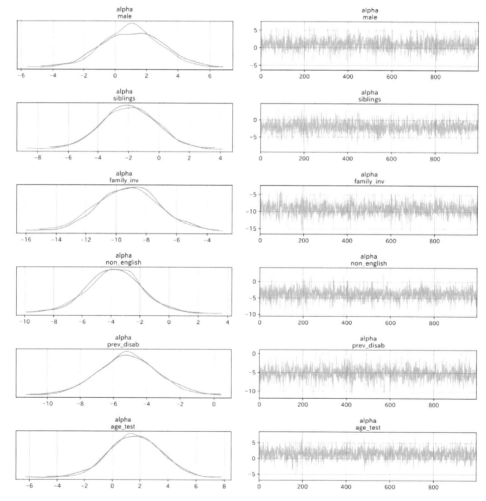

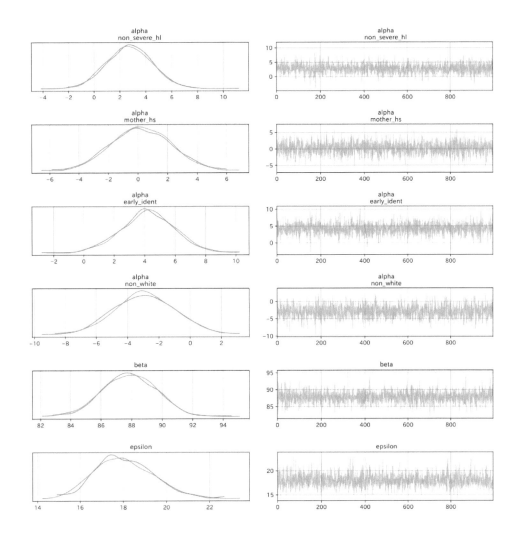

　結果をきれいにするため、今回は sample 関数で target_accept=0.95 のオプションをつけました。結果グラフで先頭から 10 行は、各説明変数別の alpha の分布です。グラフのタイトルの部分には、male など、説明変数の項目名が出ており、説明変数との対応づけがわかりやすいです。これが、前項で説明した、確率モデルインスタンス生成時に coords={'predictors': columns} パラメータを指定した効果の 1 つになります。すべてのグラフにおいて、2 つのサンプル値系列のグラフはほぼ重なっており、推論結果に問題はなさそうなので、分析を先に進めることにします。

　今回の分析で対象として特に重要なのが、alpha の値です。この値が正であれば、説明変数は目的変数（score）と正の相関があることになります。逆に負であれば、負の相関があると考えることができます。そこで、summary 関数を使って、alpha の統計情報を調べてみることにします。実装と結果は次のコード 6.2.11 です。

```
1    summary1 = az.summary(idata1, var_names=['alpha'])
2    display(summary1)
```

▷ 実行結果（表）

| | mean | sd | hdi_3% | hdi_97% | mcse_mean | mcse_sd | ess_bulk | ess_tail | r_hat |
|---|---|---|---|---|---|---|---|---|---|
| alpha[male] | 1.078 | 1.872 | -2.242 | 4.842 | 0.042 | 0.037 | 1947.000 | 1560.000 | 1.000 |
| alpha[siblings] | -2.006 | 1.824 | -5.313 | 1.421 | 0.037 | 0.033 | 2391.000 | 1528.000 | 1.000 |
| alpha[family_inv] | -9.079 | 2.080 | -12.817 | -5.078 | 0.049 | 0.035 | 1788.000 | 1258.000 | 1.000 |
| alpha[non_english] | -3.783 | 1.820 | -7.064 | -0.217 | 0.034 | 0.028 | 2848.000 | 1611.000 | 1.000 |
| alpha[prev_disab] | -5.136 | 1.851 | -8.637 | -1.725 | 0.041 | 0.030 | 1995.000 | 1488.000 | 1.000 |
| alpha[age_test] | 1.644 | 1.840 | -1.843 | 5.034 | 0.037 | 0.030 | 2445.000 | 1669.000 | 1.000 |
| alpha[non_severe_hl] | 2.835 | 1.755 | -0.464 | 6.215 | 0.039 | 0.028 | 2068.000 | 1335.000 | 1.000 |
| alpha[mother_hs] | 0.193 | 2.047 | -3.580 | 4.076 | 0.048 | 0.043 | 1806.000 | 1442.000 | 1.000 |
| alpha[early_ident] | 4.191 | 1.794 | 0.686 | 7.491 | 0.035 | 0.025 | 2712.000 | 1601.000 | 1.000 |
| alpha[non_white] | -2.953 | 1.978 | -6.635 | 0.652 | 0.047 | 0.034 | 1778.000 | 1396.000 | 1.000 |

　まず、一番左の行インデックスに注目してください。今までだと alpha[0]，alpha[1] のように数字のインデックスが示されていたところが、alpha[male] や alpha[siblings] のように項目名が表示されるようになりました。これも、確率モデル定義で説明した coords={'predictors': columns} パラメータ指定の効果です。

　次に一番右の列の r_hat の値に注目します。この値は、異なるサンプル値系列間の分布の比較により確率モデルの収束状況を確認するための統計値で 1 に近いほどよく収束していると見なされます。今回はすべて 1.000 なので、問題なく収束していることがわかります。

　最後に mean，hdi_3%，hdi_97% の値を確認します。これらの値から、各説明変数が目的変数に対して正の相関があるのか、負の相関があるのかが判断できるのですが、数字だけ見てもわかりにくいです。このような場合に便利なのが、次に紹介する plot_forest 関数です。実装と結果を、コード 6.2.12 に示します。

コード 6.2.12　plot_forest 関数で各項目の寄与度の確認

```
1    az.plot_forest(idata1, combined=True, var_names=['alpha']);
```

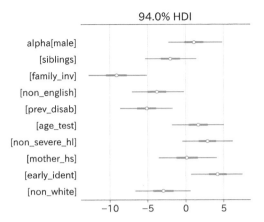

plot_forest 関数における combined オプションの意味ですが、複数のサンプル値系列がある場合に、データをマージして 1 つの集計結果としたい場合に使います。次のコード 6.2.13 に、このオプションを指定しない場合の実装と結果も示します。

コード 6.2.13　combined オプションを指定しない場合

```
1    az.plot_forest(idata1, var_names=['alpha']);
```

▷ 実行結果（グラフ）

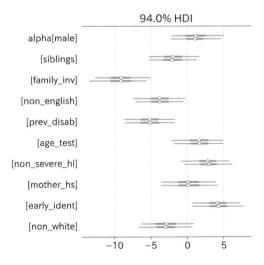

これらのグラフは大変便利なのですが、意味がわかりにくい部分もあります。グラフの読み方を図 6.2.3 に示すので、こちらも参照してください。

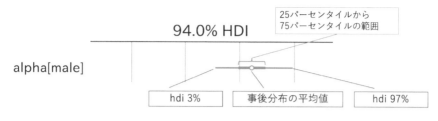

図 6.2.3　グラフの読み方

## 6.2.7　結果解釈

　以上で、今回の例題のそもそもの目的である「**線形回帰モデルにおける各説明変数の寄与度**」を解釈するための道具はすべて揃いました。本項では、コード 6.2.12 の実行結果（グラフ）をもとに解釈をしてみます。見やすいように、コード 6.2.12 の実行結果（グラフ）は再掲しました。

▷ 図（再掲）コード 6.2.12 の実行結果（グラフ）

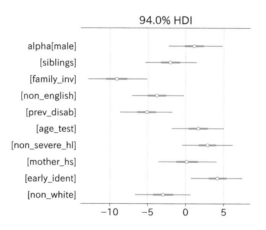

　例えば、一番上の male（性別）の寄与に関して検討します。平均値を示す中央の丸は、ゼロより大きなところに位置しています。この結果だけ見ると、「性別は能力テストスコアに正の相関がある」という解釈もできそうです。しかし、ちょうど 25 パーセンタイルの値がほぼゼロと同じところに位置していることもわかります。このことは「サンプル値のうち約 25% は負の値である」ということを意味しています。つまり、このデータだけで「**性別は能力テストスコアに正の相関がある」と判断するのは危険**ということになります。

　このような観点で項目の 1 つ 1 つをチェックしていきます。すると、family_inv, non_english, prev_disab **については負の相関が**、early_ident **に関しては正の相関がある**といえることがわかります。それ以外の項目は、程度の違いこそあれ、正または負の相関があると断言するのは危険な感じです。

　本項で行った解釈は、サンプル値に基づく統計的な分析があってはじめてできたことがわかると思

います。1点の値のみ予測する最尤推定と異なり、**各説明変数に対する寄与度（alpha の値）が分布を持った確率変数だからはじめてできた解釈**であり、これが**ベイズ推論の最も便利なところ**ということになります。

---

### Column

## チュートリアルの確率モデル

　PyMC のチュートリアルでは、本節と同じデータを使い同じ目的の分析を行っています。しかし、そこで構築している確率モデルは非常に複雑なもので、その仕組みをすべて説明するのは、本書の範囲ではできません。当コラムでは、

- なぜ確率モデルの構造が違うのか
- どの部分が違うのか
- 違いは分析結果にどう影響するのか

を概要レベルで説明していきます。

### なぜ確率モデルの構造が違うのか

　適切な変数選択を自動的に行うため、「hierarchical regularized horseshoe」と呼ばれる特殊な事前分布を利用することで、通常の回帰モデルにおける「正則化」と同等の効果の得られるベイズモデルを構築しています。そのため、結果的に非常に複雑な確率モデルになっています。

### どの部分が違うのか

　コード 6.2.14 に、チュートリアルの確率モデル定義と、その確率モデルの可視化結果を示します。チュートリアルの確率モデルは、実習コードとは確率変数の命名規則が違っています。理解しやすくするため、変数名は実習コードに極力合わせる形にしています。

```python
 1    # D0 の定義
 2    D0 = int(D / 2)
 3
 4    # 説明変数リストを predictors として定義
 5    model2 = pm.Model(coords={'predictors': columns})
 6
 7    with model2:
 8
 9        # X は従来のベクトルが行列になる。転置していることに注意
10        X_data = pm.ConstantData('X_data', X.T)
11
12        # y が回帰モデルの目的変数
13        y_data = pm.ConstantData('y_data', y)
14
15        # 誤差の分布 sigma -> epsilon 文字の置き換えのみ
16        epsilon = pm.HalfNormal('epsilon', sigma=25.0)
17
18        # 1次関数の係数の分布 beta -> alpha 定義内容も全面的に変更
19
20        # 事前分布の全体的な縮小
21        tau = pm.HalfStudentT("tau", 2, D0 / (D - D0) * epsilon / np.sqrt(N))
22
23        # 事前分布の局所的な縮小
24        lam = pm.HalfStudentT("lam", 2, dims="predictors")
25        c2 = pm.InverseGamma("c2", 1, 0.1)
26        z = pm.Normal("z", 0.0, 1.0, dims="predictors")
27
28        alpha = pm.Deterministic(
29            "alpha", z * tau * lam * pm.math.sqrt(
30            c2 / (c2 + tau**2 * lam**2)), dims="predictors")
31
32        # 定数項 beta0 -> beta 文字の置き換えのみ
33        beta = pm.Normal("beta",  mu=100.0, sigma=25.0)
34
35        # 正規分布の平均 mu np.dot を @ に変えたがロジックは同じ
36        mu = pm.Deterministic('mu', alpha @ X_data + beta)
37
38        # 観測値の分布 scores -> obs 文字の置き換えのみ
39        obs = pm.Normal("obs", mu, epsilon, observed=y_data)
40
41    # 確率モデル可視化
42    g = pm.model_to_graphviz(model2)
43    display(g)
```

▷ 実行結果（グラフ）

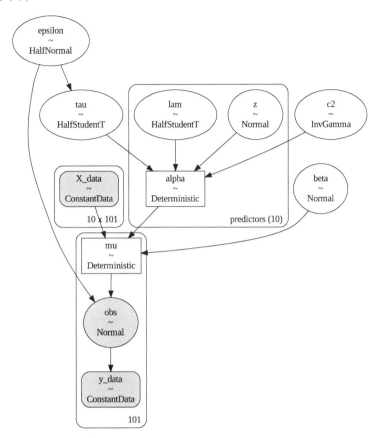

　この結果を図 6.2.2 と比べると、違いは 1 次関数の係数にあたる alpha の決め方のみであること
がわかります。実習の確率モデルでは alpha は、**単純な正規分布**を確率モデルにしていたのですが、
チュートリアルでは、**階層を持ち、複数の確率変数の組合せで生成される複雑な構造**になってい
ます。それによって正則化と同等の効果を持たせているのです。

**違いは分析結果にどう影響するのか**
　この確率モデルに対するサンプリングと結果分析の実装とその結果を、コード 6.2.15 に示します。

コード 6.2.15　サンプリングと plot_trace 関数による結果分析

```
1    with model2:
2        idata2 = pm.sample(random_seed=42, target_accept=0.95)
3
4    # plot_trace 関数で推論結果の確認
5    az.plot_trace(idata2, var_names=['alpha', 'beta', 'epsilon'], compact=False)
6    plt.tight_layout();
```

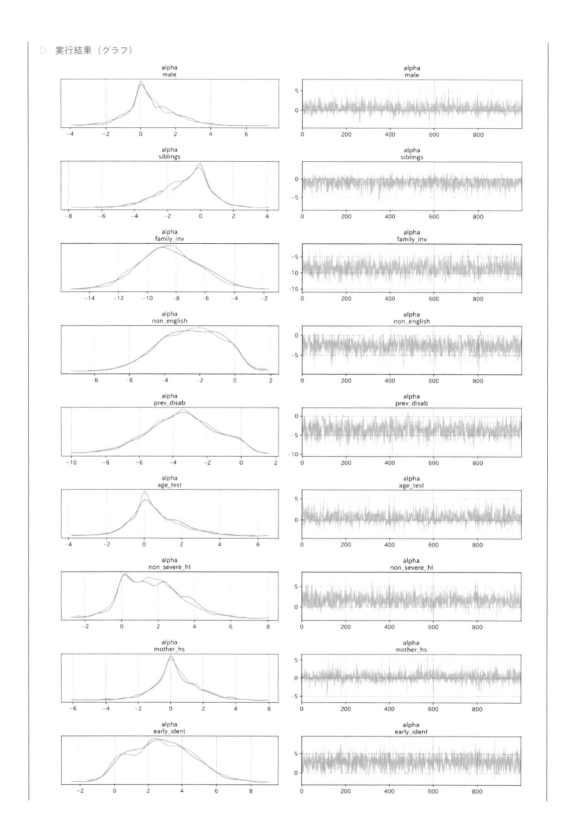

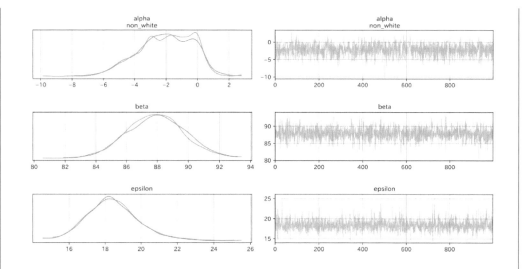

　左側の確率分布グラフの波形は、コード6.2.10の結果で示される、実習のときの波型と相当異なっています。個別の確率変数ごとに詳細な確率分布まで調べたい場合は、どちらの確率モデルを使うかで結果が相当異なってきそうです。

　では、本編の分析の最終目的であった、**説明変数ごとの影響分析の結果**に関してはどうでしょうか。コード6.2.16で、調べてみることにします。

コード 6.2.16　plot_forest 関数で各項目の寄与度の確認

```
1    az.plot_forest(idata2, combined=True, var_names=['alpha']);
```

▷実行結果（グラフ）

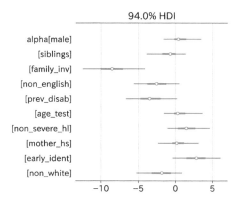

　この結果をコード6.2.12の結果と比較してみてください。多少の違いはありますが、全体的な傾向としてそれほど大きな差異はありません。結論として、確率変数レベルで細かい挙動まで調べる場合、チュートリアルの精緻な確率モデルが望ましいが、**説明変数ごとのおおまかな寄与度合いを調べるだけであれば、シンプルな線形回帰モデルで十分である**ということがわかります。

## 6.3 IRT(Item Response Theory) によるテスト結果評価

いよいよ本書も最後のユースケースとなりました。今までやってきた、「既存の統計モデル・機械学習モデルにベイズモデルを当てはめて推論する」というところから一歩先に進んで、本節では「**既存の統計モデル・機械学習モデルでない数学モデルからベイズモデルを構築する**」というタスクにチャレンジします。

具体的に取り上げるのは **IRT（Item Response Theory、項目反応理論）** というテスト評価で用いられている数学モデルです。はじめて IRT という名前を聞く読者も多いと思います。そこで、本節では IRT の概要説明から始めます。

本節の実習が今までと異なる点を 2 点あげておきます。

1 点目は**観測値データが表形式**で与えられていることです。ベイズ推論モデルの観測値として利用するため、**表形式データを 1 次元化**する加工を行います。詳細は 6.3.4 項で説明します。

2 点目は、1 点目と関係する部分もありますが、**観測値データ件数が膨大**なため、**推論処理に時間がかかる**ことです。このような大規模な確率モデルの推論処理を短い時間で行うための方法の 1 つとして、**変分推論法**を利用することがあります。本節最後のコラムでは、実習で定義したのと同じ確率モデルに対して、**変分推論法を用いた場合のベイズ推論の手順**を示します。実業務を対象としたベイズ推論において、同じ問題で困っている場合に参考にしてください。

### 6.3.1 IRT とは

読者も受験のときなどに**偏差値**を見たことがあると思います。偏差値とは、試験結果に統計的な補正を加え、試験問題の難しさに左右されない**受験者の客観的な能力を示す指標値**として利用されている統計値です。考え方としては、**試験の得点分布が正規分布で近似**されることを前提としておき、**受験者の得点が正規分布の平均から何 $\sigma$ 離れているか**を指標化しています。例えば、**偏差値が 60** であるということは、近似した正規分布の言葉で言い換えると、平均 $\mu$、標準偏差 $\sigma$ の正規分布を仮定したときに、**受験者の得点が $\mu + \sigma$ である**ことを意味しています。

**IRT** も同じ目的で利用される、**テスト評価のための数学モデル**です。試験問題の評価で妥当な数学モデルであることが実証されていて、大規模テストを実施するテスト機関などさまざまなケースで利用されています。IRT では、個別の設問が特性として持つパラメータ数により複数のモデルがあります。

最初に説明するモデルは、**設問は困難度と呼ばれるパラメータのみを持つ**パターンです。このモデルは **1 パラメータ・ロジスティックモデル**（1PLM）と呼ばれます。名前にロジスティックがついている理由は、この後で説明するシグモイド関数を利用していることによります。

その特徴として、受験者の**能力値**と、試験における各設問の特性（難しさを意味する**困難度**）を同時に予測することを目的としている点があります。受験者はそれぞれ個別の**能力値**を持つと考えます。

また、試験の設問もまた、個別の**困難度**を持つと考えます。試験において、ある受験者が特定の設

問に正解するかどうかは、**正答率という確率変数**として規定されますが、この確率変数は**受験者の能力値と設問の困難度の関数**であると考えるのです。

「**ある受験者が特定の設問に正解するかどうかを正答率という確率変数として規定**」というところがイメージの持ちにくい箇所です。例えばまったく同じ能力値を持つ受験者が 100 人いたと考えてください。この机上の想定において「正答率が 0.5 である」とは、特定の設問に対して 50 人の受験者が正解したことを意味します。同じ 100 人の受験者に対して、もっとやさしい設問や、もっと難しい設問を解かせたとします。この場合、70 人、あるいは 30 人の受験者が正解すると考えられます。このとき、それぞれの設問の正答率は 0.7 あるいは 0.3 になります。

本節で取り上げる IRT モデルは **2 パラメータ・ロジスティックモデル**（2PLM）と呼ばれます。この場合、設問固有のパラメータとしては、**困難度**だけでなく**識別力**もあると考えます。識別力とは、**受験者のレベルを変えたときに、正答率がどの程度変化するかの度合いを示す**パラメータです。この値の大小により差のつきやすい問題かどうかが決まることになります。

2 パラメータ・ロジスティックモデルを数式で表すことを考えます。2 パラメータ・ロジスティックモデルでは、受験者の**能力値を $\theta_i$ で示し、困難度を $b_j$、識別力を $a_j$ で示します**[注14]。**正答率を返す関数**としては**シグモイド関数**が使われます。シグモイド関数は、機械学習でよく用いられますが、式 (6.3.1) によって定義される関数です。

$$f(x) = \frac{1}{1 + \exp(-x)} \tag{6.3.1}$$

式 (6.3.1) のシグモイド関数を用いて、受験者の能力値を $\theta_i$ で示し、困難度を $b_j$、識別力を $a_j$ であった場合の正答率を

$$f(a_j(\theta_i - b_j)) \tag{6.3.2}$$

で示すというのが、IRT の 2 パラメータ・ロジスティックモデルの定義です[注15]。

この話だけでは抽象的でイメージが持ちにくいと思います。上で示した $f(a_j(\theta_i - b_j))$ を受験者の能力値 $\theta_i$ の関数と考え、設問固有のパラメータである困難度と識別力をいくつか変えてグラフをプロットした結果が図 6.3.1 になります。

6

---

注14　$i$ は受験者を区別する添字、$j$ は設問を区別する添字です。
注15　厳密にいうと上の数式は $f(1.7a_j(\theta_i - b_j))$ であり、マジックナンバー 1.7 の理由には、正規分布とロジスティック分布の確率密度関数の類似性があるのですが、2 パラメータ・ロジスティックモデルの場合、$a_j$ を調整することにより 1.7 は気にしなくていいので、結果的に式 (6.3.2) で問題ないといえます。

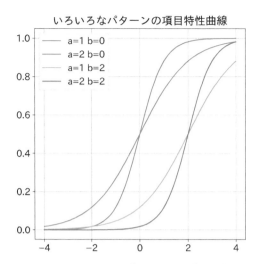

図 6.3.1　いろいろなパターンの項目特性曲線

また、能力値が 1, 2 の受験者が、それぞれのパターンの設問に解答した場合の正答率も表 6.3.1 に示します。

表 6.3.1　能力値が 1, 2 の受験者が、それぞれのパターンの設問に解答した場合の正答率

| | a（識別力） | b（困難度） | 能力値 1 の<br>受験者の正答率 | 能力値 2 の<br>受験者の正答率 |
|---|---|---|---|---|
| 問題 1 | 1.000 | 0.000 | 0.731 | 0.881 |
| 問題 2 | 2.000 | 0.000 | 0.881 | 0.982 |
| 問題 3 | 1.000 | 2.000 | 0.269 | 0.500 |
| 問題 4 | 2.000 | 2.000 | 0.119 | 0.500 |

　能力値 1 の受験者と能力値 2 の受験者の正答率を比較します。すると、問題 4 が最も難しく、差がつきやすい問題となっています。2 人の正答率が 50% を超えている問題 1 と問題 2 で比較すると、差のつきやすさは逆転します。識別力の低い問題 1 のほうがむしろ差がつきやすい結果になっています。

　IRT では通常、今まで説明した数学モデルが成り立つことを前提に、**最尤推定により受験者の能力値と設問の困難度（場合によっては追加で識別力）を求めます**。同じことはベイズ推論でも実現可能です。本節では、今まで説明した IRT の 2 パラメータ・ロジスティックモデルが成り立つことを前提に、ベイズ推論で**受験者の能力値**と、**設問の困難度と識別力**を求めることを行います。

## 6.3.2　問題設定

　IRT によるテスト評価は、現実のテスト結果データがそのまま適用できる問題であるため、実データを使いたかったのですが、残念ながら公開データセットとして利用可能な試験結果データが見つか

らなかったため、ダミーデータを用いてベイズ推論を行いました注16。今回は、**1000 受験者、50 問の**
**試験を想定したダミーデータ**を利用しています。ダミーデータは正答：1、誤答：0 の値が、1000 行、
50 列の配列データとして作られています。

　本節の実習の目的は、実際の試験結果を想定したダミーデータを用いて、IRT の 2 パラメータ・ロ
ジスティックモデルをベイズ推論で実装することにより、設問別の困難度・識別力と、受験者別の能
力値を同時に推定することです。2 パラメータ・ロジスティックモデルからベイズ推論を行うことで、
**見かけ上の点数が同じであっても、受験者の能力値の違いを導出することが可能**です。実習の最後に、
このような分析も行っています注17。

## 6.3.3 データ読み込み

　実習はいつものようにデータ読み込みからスタートします。今回は公開データセットでなく、ダミー
データを利用します。そのため、著者の GitHub サイトに作成済みのダミーデータをアップしておき、
そこからダウンロードするやり方をとることにしました。実装コードはコード 6.3.1 になります。

コード 6.3.1　ダミーデータの読み込み

```
1    # データ読み込み
2    url = 'https://github.com/makaishi2/samples/raw/main/data/irt-sample.csv'
3    df = pd.read_csv(url, index_col=0)
4
5    # 結果確認
6    display(df.head())
7    print(df.shape)
```

▷ 実行結果（表）

|          | Q001 | Q002 | Q003 | Q004 | Q005 | Q006 | Q007 | Q008 | Q009 | Q010 |
|----------|------|------|------|------|------|------|------|------|------|------|
| USER0001 | 0    | 1    | 1    | 1    | 0    | 1    | 1    | 0    | 0    | 0    |
| USER0002 | 1    | 0    | 1    | 1    | 1    | 0    | 1    | 1    | 0    | 0    |
| USER0003 | 1    | 0    | 1    | 1    | 1    | 1    | 1    | 1    | 0    | 0    |
| USER0004 | 1    | 1    | 1    | 1    | 0    | 0    | 1    | 0    | 1    | 0    |
| USER0005 | 0    | 1    | 0    | 1    | 0    | 0    | 1    | 0    | 1    | 1    |

▷ 実行結果（テキスト）

```
1    (1000, 50)
```

注16　ダミーデータ作成においては、以下のリンク先の記事を参考とさせていただいています。この記事の作者の方には、この場を借りて
　　　お礼申し上げます。https://qiita.com/takuyakubo/items/43d56725952e67032b49
注17　この評価方法は学習塾や予備校でも適用可能な方法ではないかと考えています。

## 6.3.4 データ加工

　本節の実習が今までと違っている点の1つとして、ベイズ推論で用いる観測値のデータ形式の話があります。コード 6.3.1 の結果として示した表形式のデータ（受験者ごと、設問ごとの正解不正解の情報）は、各要素の1つ1つが個別の観測値になります。つまり、今回のベイズ推論を行うためには、**表形式のデータを観測値として確率モデルに渡す**必要があるのです。そのためにデータ加工でやっていることは、pandas の `melt` 関数と `factorize` 関数の活用です。具体的な処理内容は、これから説明していきます。

### ■ データを横持ちから縦持ちに変換

　データ加工の最初のステップはコード 6.3.1 の結果で示された「横持ち」状態のデータを「縦持ち」状態に変換することです。この変換は `melt` 関数を使って行います。実装はコード 6.3.2 です。

コード 6.3.2　データを横持ちから縦持ちに変換

```
 1    # melt 関数で横持ち形式を縦持ち形式に変換
 2    response_df = pd.melt(
 3        df.reset_index(), id_vars='index',
 4        var_name='question', value_name='response')
 5
 6    # 列名 index を user に変換
 7    response_df = response_df.rename({'index':'user'}, axis=1)
 8
 9    # 要素数の変化を確認
10    print(f' 元データ (df): {df.shape}')
11    print(f' 変換後データ (response_df): {response_df.shape}\n')
12
13    # 結果確認
14    display(response_df.head())
```

▷ 実行結果（テキスト）

```
 1    元データ (df): (1000, 50)
 2    変換後データ (response_df): (50000, 3)
```

▷ 実行結果（表）

|   | user | question | response |
|---|---|---|---|
| 0 | USER0001 | Q001 | 0 |
| 1 | USER0002 | Q001 | 1 |
| 2 | USER0003 | Q001 | 1 |
| 3 | USER0004 | Q001 | 1 |
| 4 | USER0005 | Q001 | 0 |

実行結果（テキスト）から、dfとresponse_dfのshapeがどう変化したかを確認します。元データのdfではshapeは(1000, 50)でした。これは、行：受験者数(USERxxxx)、列：問題数(Qxxx)によって規定された要素数です。変換後のresponse_dfでは、行数が1000 × 50の結果である50000行に変わっています。つまり、**元データdfの表の1要素が、変換後データresponse_dfの1行に変わった**ということになります。

次に実行結果（表）から、response_dfの列はどうなっているかを確認します。最初の列userと2番目の列questionは元データdfの行インデックスと列インデックスです。3番目の列のresponseが、dfの各要素の値を示しています。

以上のような変換が「**横持ち形式を縦持ち形式にする**」ことの具体的な内容です。この変換をした後で、response_df['response']の列を抽出すると、**元々表形式だった観測値のデータを1次元配列としてベイズモデルに与えることができる**ようになります。

## ▌カテゴリーデータの数値化

次に、pandasのfactorize関数を利用してカテゴリーデータの数値化をします。実装はコード6.3.3です。

6

コード 6.3.3　カテゴリーデータの数値化

```
1   # user_idx: response_df の user 列を数値化した結果
2   # users: user_idx のインデックス値と元の文字列の対応
3   user_idx, users = pd.factorize(response_df['user'])
4
5   # question_idx: response_df の question 列を数値化した結果
6   # questions: question_idx のインデックス値と元の文字列の対応
7   question_idx, questions = pd.factorize(response_df['question'])
8
9   # response: 1 次元化された観測値の配列
10  response = response_df['response'].values
11
12  # 結果確認
13  print('--- USER ---')
14  print(user_idx, len(user_idx))
15  print(users)
16  print('\n--- QUESTION ---')
17  print(question_idx, len(question_idx))
18  print(questions)
19  print('\n--- RESPONSE ---')
20  print(response, len(response))
```

▷ 実行結果（テキスト）

```
1   --- USER ---
2   [  0   1   2 ... 997 998 999] 50000
3   Index(['USER0001', 'USER0002', 'USER0003', 'USER0004', 'USER0005', 'USER0006',
4          'USER0007', 'USER0008', 'USER0009', 'USER0010',
5          ...
```

```
6          'USER0991', 'USER0992', 'USER0993', 'USER0994', 'USER0995', 'USER0996',
7          'USER0997', 'USER0998', 'USER0999', 'USER1000'],
8        dtype='object', length=1000)
9
10   --- QUESTION ---
11   [ 0  0  0 ... 49 49 49] 50000
12   Index(['Q001', 'Q002', 'Q003', 'Q004', 'Q005', 'Q006', 'Q007', 'Q008', 'Q009',
13          'Q010', 'Q011', 'Q012', 'Q013', 'Q014', 'Q015', 'Q016', 'Q017', 'Q018',
14          'Q019', 'Q020', 'Q021', 'Q022', 'Q023', 'Q024', 'Q025', 'Q026', 'Q027',
15          'Q028', 'Q029', 'Q030', 'Q031', 'Q032', 'Q033', 'Q034', 'Q035', 'Q036',
16          'Q037', 'Q038', 'Q039', 'Q040', 'Q041', 'Q042', 'Q043', 'Q044', 'Q045',
17          'Q046', 'Q047', 'Q048', 'Q049', 'Q050'],
18        dtype='object')
19
20   --- RESPONSE ---
21   [0 1 1 ... 1 1 1] 50000
```

3 行目では、response_df の user 列を抽出し、factorize 関数を使って、抽出結果を数値インデックス化しました。数値インデックス化した結果は user_idx に代入され、数値インデックスと元の文字列の対応が変数 users に設定されています。7 行目では、同様の処理を response_df の question 列に対して行い、結果を変数 question_idx と questions に代入しています。また、10 行目では、response_df の response 列を抽出した結果を変数 response に代入しています。

注目してほしいのは、user_idx, question_idx, response いずれも**要素数 50000 の 1 次元配列**である点です。次項の確率モデル定義で、この性質が利用されることになります。

## 6.3.5 確率モデル定義

今回の実習も、確率モデル定義に関しては最初に実装コードを提示し、その後で解説を行う進め方にします。確率モデル定義の実装は、コード 6.3.4 になります。

コード 6.3.4　確率モデル定義

```
1    # 配列の項目定義（ユーザー軸と問題軸の 2 軸）
2    coords = {'user': users, 'question': questions}
3
4    # 確率モデルインスタンスの定義
5    model1 = pm.Model(coords=coords)
6
7    with model1:
8        # 観測値の配列（1: 正答　0: 誤答）
9        response_data = pm.ConstantData('response_data', response)
10
11       # 能力値（受験者ごと）
12       theta = pm.Normal('theta', mu=0.0, sigma=1.0, dims='user')
13
14       # 識別力（設問ごと）
15       a = pm.HalfNormal('a', sigma=1.0, dims='question')
```

```
16        # 困難度 (設問ごと)
17        b = pm.Normal('b', mu=0.0, sigma=1.0, dims='question')
18
19        # logit_p の計算 (2パラメータ・ロジスティックモデル (2PLM))
20        logit_p = pm.Deterministic(
21            'logit_p', a[question_idx] * (theta[user_idx] - b[question_idx]))
22
23        # ベルヌーイ分布の定義 (1: 正答  0: 誤答)
24        obs = pm.Bernoulli('obs', logit_p=logit_p, observed=response_data)
25
26    g = pm.model_to_graphviz(model1)
27    display(g)
```

▷実行結果 (グラフ)

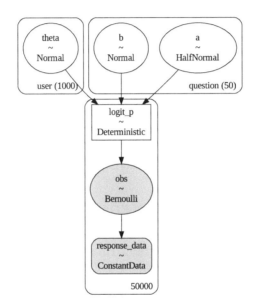

確率モデル可視化結果で、今までと大きな違いがあるのが、要素数 50 の確率変数 a，b および要素数 1000 の確率変数 theta の両方の結果をもとに、要素数 50000 の確率変数 logit_p が計算されている点です。この部分をコード 6.3.4 から抽出すると、コード 6.3.5 になります。

コード 6.3.5  logit_p の計算

```
1        # logit_p の計算 (2パラメータ・ロジスティックモデル (2PLM))
2        logit_p = pm.Deterministic(
3            'logit_p', a[question_idx] * (theta[user_idx] - b[question_idx]))
```

ここで使われている question_idx, user_idx は前項で説明したとおり、どちらも要素数 50000 の 1 次元配列です。つまり、ここで計算結果として得られる**確率変数** logit_p **も要素数 50000 の 1 次元配列**になります。これが、上で説明した可視化結果の大きな違いの実装面での説明となります。

そして、コード 6.3.5 の 3 行目が、6.3.1 項の式 (6.3.2) の実装コードということになります。数式と Python コードを見比べることで、同じ実装になっていることを確認してください。

6.3.1 項の説明とコード 6.3.4 を比較して、1 つ疑問に思うことがあるはずです。それは式 (6.3.1) で定義されたシグモイド関数の実装がどこにあるかという点です。その答えが、コード 6.3.4 から抽出した、以下のコード 6.3.6 の部分です。

コード 6.3.6　ベルヌーイ分布の定義

```
1        # ベルヌーイ分布の定義 (1: 正答　0: 誤答 )
2        obs = pm.Bernoulli('obs', logit_p=logit_p, observed=response_data)
```

今回の確率モデルで観測値は 1：正答、0：誤答の二値をとります。今までの例と同様に、確率モデルとしてはベルヌーイ分布を用いています。しかし、今までは確率モデルの振る舞いを決定するパラメータとして確率値 p を使っていたのですが、**今回だけ logit_p をパラメータに用いています**。5.4 節の実習で、正規分布では、通常用いる sigma のパラメータの代わりに tau を用いることができると説明しました。ベルヌーイ分布でも同じような話があり、**p のパラメータの代わりに logit_p を用いることが可能**です。その場合の確率モデルの振る舞いですが、次のようになります。

1. logit_p で渡された確率変数に対してシグモイド関数が計算され、結果は p として出力される
2. ここで計算された値 p が、通常のベルヌーイ分布の確率値 p として扱われる

　これは、**今回の確率モデルでやりたかった処理**そのものです。それで、わざわざ**シグモイド関数を明示的に使わずに今回の確率モデル構築ができている**のでした。

以上が、今回の確率モデル定義において最も重要なポイントの説明でした。この後は、今まで学習したことの復習も兼ねて、コード 6.3.4 の実装内容を上から順に説明します。

2 行目、5 行目：今回は配列の項目定義が、user **軸(受験者)** と、question **軸(設問)** の 2 軸になります。この定義を同時に行っています。

9 行目：事前に観測値用に準備した 50000 要素の配列 response を pm.ConstantData として定義しています。

12 行目、15 行目、17 行目：事後分布を求めたい確率変数である theta (受験者の能力値)、a, b (設問の識別力と困難度) を dims='user'、dims='question' のパラメータをつけて、生成しています。

　この実装で 1 つ補足すべき点があります。今までの実習のコードでは pm.Normal あるいは pm.HalfNormal の定義の中で、sigma の値は一貫して 10.0 を設定していたのに、今回に限ってすべて 1.0 としています。今回数学モデルとして採用している **2 パラメータ・ロジスティックモデル**には自由度が 1 残っていて、例えば $a=1$, $b=1$ が最適解であった場合、$a=10$, $b=0.1$ でも同じ条件が成り立ちます。$a$ と $b$ のバランスをよくする目的で、今回のみこのような設定としています。

24 行目：先ほど説明したとおり、1：正答、0：誤答の二値をとる観測値なので、確率分布としてベルヌーイ分布を用いています。observed パラメータで渡される観測値としては、9 行目で準備し

た response_data を用いています。

## 6.3.6 サンプリングと結果分析

今回のベイズ推論の特徴として、すでに説明した**観測値が表形式のデータ**であることに加えて、**観測値の件数が非常に多い**ことが挙げられます。そのため、**サンプリングに相当の時間がかかってしまう**のです。

データ確認の試行錯誤をやりやすくするため、今回はサンプリングのみ実行するように、セルを分割しました。実装と結果はコード 6.3.7 になります[注18]。

コード 6.3.7　サンプリング

```
1    %%time
2
3    with model1:
4        idata1 = pm.sample(random_seed=42)
```

▷ 実行結果（テキスト）

```
1    CPU times: user 14min 25s, sys: 5.56 s, total: 14min 30s
2    Wall time: 14min 45s
```

1 行目の %%time が、本書ではじめて利用するコマンドなので説明します。文字 % で始まるコマンドは**マジックコマンド**と呼ばれています。Python の関数・コマンドではなく、開発環境である **Jupyter Notebook の機能呼び出し**になります。%%time は、このコマンドを**セルの先頭行**におくことで、**セル全体の処理時間を計る**ことができます。実行結果を見ていただくとわかるとおり、原稿執筆時には、Google Colab の環境で約 15 分かかりました。

続いて推論結果の確認を行います。plot_trace 関数で確認する点はいつもと同じなのですが、対象のパラメータ数が多い（問題で 50 件、受験者で 1000 件）ので工夫が必要です。そこで、問題別、受験者別でコードを分けた上で、**先頭の 3 要素だけに絞り込んで表示**することにしました。実装はコード 6.3.8 とコード 6.3.9 になります。

コード 6.3.8　plot_trace 関数で推論結果の確認（問題別）

```
1    coords_q = {'question': ['Q001', 'Q002', 'Q003']}
2    az.plot_trace(
3        idata1, var_names=['a', 'b'], coords=coords_q, compact=False)
4    plt.tight_layout();
```

---

注18　実際の Notebook ではこれ以外にステータスバーも表示されますが、紙面では省略しています。

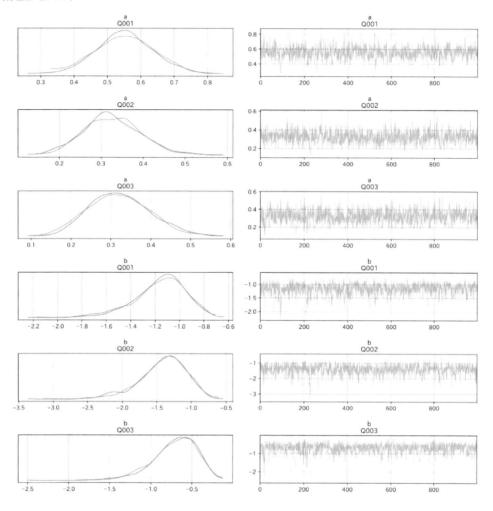

コード6.3.9 `plot_trace` 関数で推論結果の確認（受験者別）

```
1    coords_u = {'user': ['USER0001', 'USER0002', 'USER0003']}
2    az.plot_trace(
3        idata1, var_names=['theta'], coords=coords_u, compact=False)
4    plt.tight_layout();
```

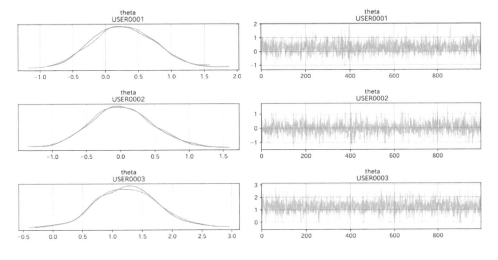

それぞれのコードで、coords_q = {'question': ['Q001', 'Q002', 'Q003']} のような形式の辞書を用意しておき、plot_trace 関数呼び出し時に coords=coords_q のようにオプション指定をすることで特定のユーザーや問題に絞り込んだ形での分析が可能になります。左側のグラフを見ると、2つのサンプルデータ系列の分布はほぼ一致していることが読みとれます。このことからベイズ推論が正しくできていることがわかりました。

## 6.3.7 詳細分析

IRT 分析のそもそもの目的は、問題ごと・受験者ごとの特性を分析することでした。そのことをsummary関数を用いて行います。最初に、問題ごとの統計分析を実施します。実装はコード6.3.10です。

コード 6.3.10　問題ごとの統計分析

```
1    summary_a1 = az.summary(idata1, var_names=['a'])
2    summary_b1 = az.summary(idata1, var_names=['b'])
3    display(summary_a1.head())
4    display(summary_b1.head())
```

▷ 実行結果（表）

|  | mean | sd | hdi_3% | hdi_97% | mcse_mean | mcse_sd | ess_bulk | ess_tail | r_hat |
|---|---|---|---|---|---|---|---|---|---|
| a[Q001] | 0.553 | 0.087 | 0.389 | 0.714 | 0.003 | 0.002 | 853.000 | 1019.000 | 1.000 |
| a[Q002] | 0.327 | 0.069 | 0.195 | 0.450 | 0.002 | 0.001 | 1071.000 | 953.000 | 1.000 |
| a[Q003] | 0.322 | 0.078 | 0.182 | 0.467 | 0.003 | 0.002 | 667.000 | 784.000 | 1.000 |
| a[Q004] | 0.691 | 0.095 | 0.518 | 0.870 | 0.003 | 0.002 | 830.000 | 1074.000 | 1.000 |
| a[Q005] | 0.756 | 0.104 | 0.572 | 0.957 | 0.003 | 0.002 | 1146.000 | 1377.000 | 1.000 |

|  | mean | sd | hdi_3% | hdi_97% | mcse_mean | mcse_sd | ess_bulk | ess_tail | r_hat |
|---|---|---|---|---|---|---|---|---|---|
| b[Q001] | -1.163 | 0.220 | -1.552 | -0.765 | 0.008 | 0.006 | 907.000 | 862.000 | 1.000 |
| b[Q002] | -1.410 | 0.346 | -2.123 | -0.845 | 0.011 | 0.009 | 1064.000 | 843.000 | 1.000 |
| b[Q003] | -0.714 | 0.277 | -1.228 | -0.243 | 0.010 | 0.008 | 901.000 | 740.000 | 1.000 |
| b[Q004] | -1.800 | 0.247 | -2.285 | -1.374 | 0.009 | 0.007 | 808.000 | 891.000 | 1.000 |
| b[Q005] | -2.340 | 0.292 | -2.903 | -1.841 | 0.009 | 0.006 | 1167.000 | 1396.000 | 1.000 |

上の値のうち b[Q001] などの mean の値が、**問題ごとの困難度の平均**です。

次に受験者に対して同じ統計分析を行います。実装と結果はコード 6.3.11 になります。

コード 6.3.11 受験者ごとの統計分析

```
1    summary_theta1 = az.summary(idata1, var_names=['theta'])
2    display(summary_theta1.head())
```

▷ 実行結果（表）

|  | mean | sd | hdi_3% | hdi_97% | mcse_mean | mcse_sd | ess_bulk | ess_tail | r_hat |
|---|---|---|---|---|---|---|---|---|---|
| theta[USER0001] | 0.277 | 0.468 | -0.530 | 1.191 | 0.010 | 0.010 | 2021.000 | 1371.000 | 1.000 |
| theta[USER0002] | 0.007 | 0.457 | -0.889 | 0.834 | 0.010 | 0.010 | 2149.000 | 1542.000 | 1.000 |
| theta[USER0003] | 1.244 | 0.518 | 0.343 | 2.310 | 0.010 | 0.008 | 2872.000 | 1393.000 | 1.000 |
| theta[USER0004] | -0.766 | 0.452 | -1.512 | 0.148 | 0.010 | 0.008 | 2248.000 | 1484.000 | 1.000 |
| theta[USER0005] | -0.539 | 0.477 | -1.431 | 0.304 | 0.011 | 0.009 | 1759.000 | 1646.000 | 1.000 |

上の表の、mean の列が**それぞれの受験者の能力値の平均**です。ここで得られた、受験者ごとの統計分析結果である `summary_theta1` は次項の深掘り分析で活用することになります。

## 6.3.8 偏差値と能力値の関係

6.3.7 項までで、今回の問題設定で定義した分析結果は得られたのですが、1 つ素朴な疑問があります。進学塾や予備校でよくテスト結果の評価で用いられている偏差値と今回算出した能力値にはどういう関係があるのだろうかという話です。本項では、この疑問に対する分析を行います。具体的には、受験者ごとの**偏差値**と**能力値**を算出しました。

進学塾や予備校などで用いている偏差値の計算方法を復習すると、ちょうど平均点の受験者の偏差値を 50 とし、テスト結果全体の標準偏差を計算して $1\sigma$ だけ高い点の受験者の偏差値を 60 としています。今回、すべての受験者の得点をもとに、この方式で偏差値を計算しました。

さらに、ベイズ推論をもとに導出した能力値（平均）に関しても、偏差値と同じ方式で正規化をかけ、その結果を能力値と呼ぶことにしました。これらの分析はコード 6.3.12 でまとめて実施しています。

コード 6.3.12　偏差値と能力値の算出

```
1    # 受験者ごとの正答率*100 を計算し「素点」とする
2    df_sum1 = pd.DataFrame((df.mean(axis=1)*100), columns=[' 素点 '])
3
4    # 素点を別変数にコピー
5    X = df_sum1.copy()
6
7    # 素点を偏差値のスケールに補正
8    X_mean, X_std = X.mean(), X.std()
9    X = (X-X_mean)/X_std * 10 + 50
10   df_sum1[' 偏差値 '] = X
11
12   # 受験者ごとの能力値の平均を抽出
13   x1 = summary_theta1['mean']
14
15   # 能力値を偏差値と同じスケールに補正
16   x1_mean, x1_std = x1.mean(), x1.std()
17   x1 = (x1-x1_mean)/x1_std * 10 + 50
18   df_sum1[' 能力値 '] = x1.values
19
20   # 結果の確認
21   display(df_sum1.head(10))
```

▷ 実行結果（表）

| | 素点 | 偏差値 | 能力値 |
|---|---|---|---|
| USER0001 | 64.000 | 53.307 | 52.848 |
| USER0002 | 58.000 | 48.449 | 49.599 |
| USER0003 | 78.000 | 64.642 | 64.482 |
| USER0004 | 48.000 | 40.352 | 40.299 |
| USER0005 | 50.000 | 41.971 | 43.030 |
| USER0006 | 62.000 | 51.687 | 48.998 |
| USER0007 | 52.000 | 43.591 | 41.899 |
| USER0008 | 54.000 | 45.210 | 44.883 |
| USER0009 | 60.000 | 50.068 | 49.334 |
| USER0010 | 62.000 | 51.687 | 49.298 |

　偏差値と能力値はほぼ同じ値になっている受験者もいる一方で、微妙に値がずれている受験者もいるようです。例えば、USER0009 と USER0010 を比較すると、素点と偏差値では USER0010 のほうが上ですが、能力値ではこの関係が逆転し、USER0009 のほうが値が大きくなっています。

　偏差値と能力値の関係が全体的にどうなっているか、散布図で確認します。実装と結果はコード 6.3.13 になります。

```
1    plt.scatter(df_sum1[' 偏差値 '], df_sum1[' 能力値 '], s=3)
2    plt.title(' 偏差値と能力値の関係 ')
3    plt.xlabel(' 偏差値 ')
4    plt.ylabel(' 能力値 ');
```

▷ 実行結果（グラフ）

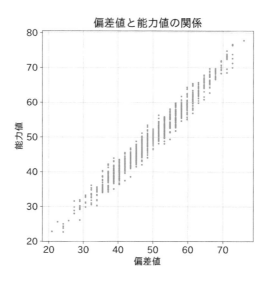

面白い結果になりました。同じ点数の場合、偏差値も必ず同じになります。しかし、その場合も能力値で見た場合、10 ポイント程度違っている場合があります。このことは、**能力値を使うことで、従来の偏差値による受験者の評価をより精緻に行える可能性がある**ことを示唆しています。

## 6.3.9 同じ偏差値の受験者間の能力値の違いの分析

本項では、前項の結果をさらに深掘りしてみます。同じ偏差値（得点）なのに、能力値が違うという現象はなぜ起きるのでしょうか。これを個別ケースで確認してみます。コード 6.3.14 では以下のことを行っています。

1. 素点が 62 点（偏差値が 51.69）の受験者を抽出
2. 素点が 62 点で一番能力値の低い受験者を抽出
3. 素点が 62 点で一番能力値の高い受験者を抽出

コード 6.3.14　素点 62 点で一番能力値が高い受験者と低い受験者の抽出

```
1   # 1. 素点 62 点 ( 偏差値 51.69) の受験者を抽出
2   df_62_1 = df_sum1.query(' 素点 ==62')
3   print(f' 素点 62 点の受験者数 : {len(df_62_1)}\n')
4
5   # 2. 一番能力値の低い受験者を抽出
6   argmin1 = df_62_1[' 能力値 '].values.argmin()
7   print(' 素点 62 点で一番能力値の低い受験者 \n', df_62_1.iloc[argmin1], '\n')
8
9   # 3. 一番能力値の高い受験者を抽出
10  argmax1 = df_62_1[' 能力値 '].values.argmax()
11  print(' 素点 62 点で一番能力値の高い受験者 \n', df_62_1.iloc[argmax1])
```

▷ 実行結果（テキスト）

```
1   素点 62 点の受験者数 : 59
2
3   素点 62 点で一番能力値の低い受験者
4    素点      62.000
5   偏差値    51.687
6   能力値    48.166
7   Name: USER0463, dtype: float64
8
9   素点 62 点で一番能力値の高い受験者
10   素点      62.000
11  偏差値    51.687
12  能力値    56.292
13  Name: USER0064, dtype: float64
```

　この結果、素点 62 点で一番能力値の低い受験者は USER0463、一番能力値の高い受験者は USER0064 であることがわかりました。コード 6.3.15 では、2 人の受験者が正解した問題の平均困難度を計算しています。

コード 6.3.15　能力値の異なる 2 受験者の解答状況の抽出

```
1   # 2 人の受験者の問題ごとの正答を抽出
2   w1 = df.loc[['USER0463','USER0064']]
3   display(w1)
4   w2 = w1.sum(axis=1)
5   print(f'w1 の shape: {w1.shape}\n 正解数 :\n{w2}\n')
6
7   # 問題別の平均困難度
8   b_mean1 = az.summary(
9       idata1, var_names=['b'])['mean'].values.reshape(1,-1)
10  print(b_mean1)
11  print(f'b_mean の shape: {b_mean1.shape}\n')
12
13  # 2 人の受験者が解いた問題の平均困難度
14  w3 = (w1 * b_mean1).sum(axis=1)/w2.iloc[0]
15  print(w3)
```

| | Q001 | Q002 | Q003 | Q004 | Q005 | Q006 | Q007 | Q008 | Q009 | Q010 |
|---|---|---|---|---|---|---|---|---|---|---|
| USER0463 | 0 | 0 | 1 | 1 | 1 | 1 | 1 | 1 | 0 | 0 |
| USER0064 | 1 | 0 | 1 | 1 | 1 | 0 | 1 | 0 | 0 | 0 |

▷ 実行結果（テキスト）

```
 1    w1 の shape: (2, 50)
 2    正解数：
 3    USER0463    31
 4    USER0064    31
 5    dtype: int64
 6
 7    [[-1.163 -1.410 -0.714 -1.800 -2.340 -1.425 -2.112 -1.851  1.251  1.287
 8      -0.580 -1.943 -0.682  0.288 -0.090  0.329  0.073 -2.375 -1.767 -1.053
 9      -1.560 -1.828  1.349 -1.503  1.288  1.070 -1.692 -0.289 -1.948 -2.194
10      -0.180  0.008 -0.935 -0.649 -1.272  0.262 -1.561 -1.404 -2.080  0.594
11      -0.067 -1.305 -2.845 -1.379  0.614  0.450  0.521 -1.756 -1.996 -1.896]]
12    b_mean の shape: (1, 50)
13
14    USER0463    -1.209
15    USER0064    -1.116
16    dtype: float64
```

　実行結果（テキスト）の3行目と4行目を見ていただくとわかるとおり、2人の受験者はともに31問正解であるところは同じです。一方で、実行結果（表）にあるとおり、個別の問題単位での正誤の状況が異なっています。コード6.3.15の14行目では、50問それぞれの問題の困難度（平均）と受験者ごとの解答状況（1/0）をベクトル同士でかけ算した結果を使って、正答した問題の平均困難度を2人の受験者それぞれに計算しました。値が負の数なのでわかりにくいですが、USER0064の正解した問題の平均困難度は、USER0463の正解した問題の平均困難度より高かったです。つまり、USER0064**が正解した問題は、平均的に**USER0463**より難しい問題が多かった**ということができます。

　2人の受験者の能力値に関しては、せっかくサンプル値が得られているので、サンプル値の分布を箱ひげ図で可視化してみます。実装はコード6.3.16です。

コード 6.3.16　サンプル値ごとの能力値の分布

```
 1    # USER0463 と USER0064 の能力値のサンプルデータを抽出
 2    w1 = idata1['posterior'].data_vars[
 3        'theta'].loc[:,:,['USER0463','USER0064']].values
 4
 5    # 軸の順番を入れ替え後、受験者を第一要素とする行列に変換
 6    w2 = w1.transpose().reshape(2, -1)
 7
 8    # 能力値のスケール変更
 9    w3 = (w2 - x1_mean)/x1_std * 10 + 50
10
11    # 受験者を列名とするデータフレームに変換
```

```
12    df_w3 = pd.DataFrame(w3.T, columns=['USER0463', 'USER0064'])
13
14    # seaborn の boxplot 関数で可視化
15    sns.boxplot(df_w3)
16    plt.title(' サンプル値ごとの能力値の分布 ');
```

▷実行結果（グラフ）

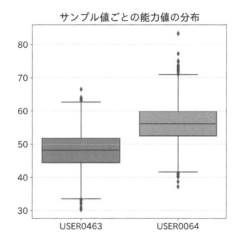

　箱ひげ図では、塗りつぶされた長方形の領域が **25 パーセンタイルから 75 パーセンタイルの最も可能性の高い領域**です。今回、注目している **2 名の受験者の長方形の領域は、ほとんど重なりがない**ことがわかります。このことから、今回の試験ではたまたま得点が同じだった 2 名の受験者は、本来の能力としては違いがあり、**たまたま特定の試験の出来不出来によって、点数が同じであったことが示唆**されます。

　実は、本節で紹介した IRT はベイズ推論でなく最尤推定でもパラメータ値を推定することが可能です。Winsteps や mirt などの市販パッケージやオープンソースのライブラリでも、IRT に基づいた能力値や困難度の算出はできることになります。しかし、これらのソフトで得られる結果は**最尤推定の結果なので点としての値のみ**です。本節で説明したベイズ推論との関係でいうと、mean の値ということになります。コード 6.3.16 で示した箱ひげ図の描画は、サンプル値があってはじめて可能なことです。つまり、**この図こそがベイズ推論ではじめて可能になった分析結果**ということができます。

参考文献
高橋信『IRT 項目反応理論入門』オーム社（2021）
https://www.ohmsha.co.jp/book/9784274227684/

6

## 変分推論法の利用

　本節の冒頭で説明したように、今回取り上げた問題で特徴的な点の1つは**観測値の個数が50000個と、通常のベイズ推論とくらべて非常に多い**点です。ベイズ推論にかかる処理時間と観測値の個数の関係は簡単に説明できるものではありませんが、個数が増えると**少なくとも個数に比例する形でベイズ推論に必要な時間も増えていきます**。例えば、今回の問題で受験者数が5万人になったときに、対応できるのだろうかという点が、実業務でベイズ推論を使う上で大きな課題になります。

　当コラムでは、そのような課題の解決策の一案として、変分推論法の利用について紹介します。当コラムの内容は、PyMC チュートリアルの、以下の記事を参考としています。

https://www.pymc.io/projects/examples/en/latest/variational_inference/variational_api_quickstart.html

　変分推論法の利用方法を一言でいうと、PyMC における**確率モデル定義はそのままで、次工程をサンプリング以外のやり方で、ベイズ推論をする方法**ということになります。コード 6.3.17 は確率モデル定義としてはコード 6.3.4 と同じなのですが、新しい実験をするため、コンテキストの変数名のみを新しくしています。

コード 6.3.17　確率モデル定義

```
1     # 配列の項目定義（ユーザー軸と問題軸の2軸）
2     coords = {'user': users, 'question': questions}
3
4     # 確率モデルインスタンスの定義
5     model2 = pm.Model(coords=coords)
6
7     with model2:
8         # 観測値の配列（1: 正答　0: 誤答）
9         response_data = pm.ConstantData('response_data', response)
10
11        # 能力値（受験者ごと）
12        theta = pm.Normal('theta', mu=0.0, sigma=1.0, dims='user')
13
14        # 識別力（設問ごと）
15        a = pm.HalfNormal('a', sigma=1.0, dims='question')
16        # 困難度（設問ごと）
17        b = pm.Normal('b', mu=0.0, sigma=1.0, dims='question')
18
19        # logit_p の計算（2パラメータ・ロジスティックモデル（2PLM））
20        logit_p = pm.Deterministic(
21            'logit_p', a[question_idx]*(theta[user_idx] - b[question_idx]))
22
23        # ベルヌーイ分布の定義（1: 正答　0: 誤答）
24        obs = pm.Bernoulli('obs', logit_p=logit_p, observed=response_data)
```

（実行結果は省略）

変分推論法を用いる場合、通常のベイズ推論だと sample 関数呼び出し 1 つで済んだステップが、

1. fit 関数呼び出し
2. 収束確認
3. サンプリング

の 3 ステップに分解されます。それぞれについて、実際のコードを含めて説明します。

### fit 関数呼び出し

変分推論法を使う場合の最初のステップは、fit 関数呼び出しです。この関数呼び出しは、確率モデル定義で利用したコンテキストの配下で行います。実装をコード 6.3.18 に示します。

コード 6.3.18　変分推論法の fit 関数呼び出し

```
1    %%time
2
3    with model2:
4        mean_field = pm.fit(method=pm.ADVI(), n=20000,
5            obj_optimizer=pm.adam())
```

▷ 実行結果（テキスト）

```
1    CPU times: user 3min 15s, sys: 1.36 s, total: 3min 17s
2    Wall time: 4min 27s
```

通常の sample 関数呼び出しと比較するため、コード 6.3.18 でも %%time のマジックコマンドを記載しました。その結果、処理時間として 4 分 27 秒という結果になっています。コード 6.3.18 では、fit 関数の呼び出し結果は mean_field という変数に保存しています。この変数は、この後のステップで利用する形になります。

### 収束確認

次のステップは、変分推論法で正しく収束していることの確認です。実装をコード 6.3.19 に示します。

コード 6.3.19　変分推論法の収束確認

```
1    plt.plot(mean_field.hist);
```

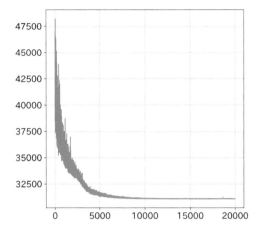

　実行結果のグラフを見ると、20000 回の繰り返し処理で、損失がほぼ同じ値に収束していることがわかります。この確認ができたら、次のステップのサンプリングを行います。

### サンプリング

　サンプリングは、fit 関数の結果得られた mean_field 変数に対して sample 関数を呼び出すことで行います。同じ sample 関数呼び出しであっても、通常のベイズ推論と呼び出し方が異なるので注意してください。実装はコード 6.3.20 になります。

コード 6.3.20　変分推論法のサンプリング

```
1    %%time
2
3    idata2 = mean_field.sample(2000)
```

▷ 実行結果（テキスト）

```
1    CPU times: user 3.23 s, sys: 1.82 s, total: 5.05 s
2    Wall time: 22.7 s
```

　今回のサンプリングでは、データ系列は 1 系列のみとなります。サンプリング数を 2000 にするため、2000 という値を引数で指定しました。

　サンプリングも処理に多少時間がかかるので、マジックコマンド %%time で時間計測を行いました。その前の fit 関数呼び出しにかかった時間と合算すると、**4 分 50 秒**となり、実習のプログラムで sample 関数呼び出しに**約 15 分**かかっていたことと比較すると処理時間を約 1/3 にできたことになります。

### 結果分析

　コード 6.3.20 で得られたサンプリング結果である idata2 はベイズ推論の結果として得られる

idata1と同じ構造を持つデータなので、データ系列が 1 系列であることを別にすると、通常の ArviZ の分析関数がそのまま使えます。ただ、本編の実習結果と比較するときに注意すべき点として、6.3.5 項でも説明したとおり、今回利用している 2 パラメータ・ロジスティックモデルでは、自由度 1 が残っており、予測結果同士を単純に比較できないことがあります。

そこでコード 6.3.12 で実装した、**平均 50 で正規化した相対的な能力値を算出**することとします。この処理を加えることで、本編の予測結果との比較が可能になるはずです。この目的で作った検証コードの実装と結果は、コード 6.3.21 です。ここでは、本編の実習で作った df_sum を出発点に列を追加することで、2 つの能力値の比較が簡単にできるようにしています。

コード 6.3.21　偏差値と能力値の算出

```
 1    summary_theta2 = az.summary(idata2, var_names=['theta'])
 2
 3    # 本編の実習で作った変数 df_sum をコピーする
 4    df_sum2 = df_sum1.copy()
 5
 6    # 受験者ごとの能力値の平均を抽出
 7    x2 = summary_theta2['mean'].values
 8
 9    # 能力値を偏差値と同じスケールに補正
10    x2_mean, x2_std = x2.mean(), x2.std()
11    x2 = (x2-x2_mean)/x2_std * 10 + 50
12    df_sum2['能力値2'] = x2
13
14    # 結果の確認
15    display(df_sum2.head(10))
```

▷ 実行結果（表）

|          | 素点     | 偏差値   | 能力値   | 能力値 2 |
|----------|----------|----------|----------|----------|
| USER0001 | 64.000   | 53.307   | 52.849   | 53.164   |
| USER0002 | 58.000   | 48.449   | 49.599   | 49.671   |
| USER0003 | 78.000   | 64.642   | 64.490   | 64.297   |
| USER0004 | 48.000   | 40.352   | 40.294   | 40.456   |
| USER0005 | 50.000   | 41.971   | 43.026   | 43.067   |
| USER0006 | 62.000   | 51.687   | 48.997   | 49.397   |
| USER0007 | 52.000   | 43.591   | 41.895   | 41.541   |
| USER0008 | 54.000   | 45.210   | 44.880   | 44.545   |
| USER0009 | 60.000   | 50.068   | 49.334   | 48.669   |
| USER0010 | 62.000   | 51.687   | 49.298   | 49.409   |

**本編のベイズ推論モデルから導出した能力値**と、**変分推論法で導出した能力値 2** を比較すると、多少バラツキはあるものの、**基本的にほぼ同じ値になっている**ことが確認できます。最後にコード

6.3.16 と同じやり方で、箱ひげ図を描画してみます。実装はコード 6.3.22 です。

コード 6.3.22　2 人の受験者のサンプル値ごとの能力値の分布

```
1    # USER0463 と USER0064 の能力値のサンプルデータを抽出
2    w1 = idata2['posterior'].data_vars[
3        'theta'].loc[:,:,['USER0463','USER0064']].values
4
5    # 軸の順番を入れ替え後、受験者を第一要素とする行列に変換
6    w2 = w1.transpose().reshape(2, -1)
7
8    # 能力値のスケール変更
9    w3 = (w2 - x2_mean)/x2_std * 10 + 50
10
11   # 受験者を列名とするデータフレームに変換
12   df_w3 = pd.DataFrame(w3.T, columns=['USER0463', 'USER0064'])
13
14   # seaborn の boxplot 関数で可視化
15   sns.boxplot(df_w3)
16   plt.title(' サンプル値ごとの能力値の分布 ');
```

▷ 実行結果（グラフ）

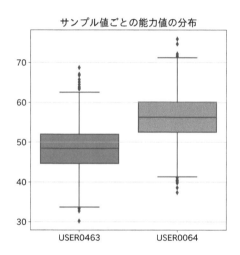

　今度も、コード 6.3.16 とほぼ同じ図を作ることができました。今回は、元の数学モデルがシンプルな構造でした。少なくともこうした**シンプルな数学モデルから実装した確率モデル**に対して、**変分推論法は推論処理時間を短くする適切な方法**であることが確認できました。

# あとがき

　ベイズ統計はビジネスで活用するうえで非常に柔軟性が高く強力であるツールであるにも関わらず、機械学習や深層学習、伝統的に使われている諸々の統計手法などと比べてもなかなか多くのデータサイエンティストに広く活用いただいている状況ではないというのが現実です。これは主に、ベイズ統計という方法論自体が、正しく使いこなすために利用者の知識や理解を強く要求するものであるからです。例えば、よく事前分布を設定することに関してベイズ統計では「余計な入れ知恵」をやっているかのように誤解されることがありますが、実はベイズに限らずどんな推定方法も背後に事前分布が存在します。最尤推定は事前分布を設定する必要がないのではなく、「事前分布や事後分布は存在しているのだが、それに関して無自覚になっているだけ」というのが正しい理解です。このようにベイズ統計では無知であることを自覚させ、その便利な活用方法を示してくれるという側面があります。つまるところ、ベイズ統計は「よくわからないけどお手軽ツールとして簡単に使ってみよう」というようなことが通用しない（あるいはそれでは使う価値が見出せない）ため、このことが逆に利用者側が入門する際のハードルを引き上げていることになっているのではないかと思います。

　上記はかなり具体的かつハイレベルな話ではありますが、それ以外にも普段私が初学者向きにベイズ統計の入門講義などを行っていると、どうしても最初のハードルを超えられないようなシチュエーションに遭遇します。ハードルの種類は人それぞれ異なります。ベイズ統計を使ううえでの基本原理を説明したり、典型的なアプローチを示して「ベイズ統計が使えている状態」を例示したりすることは難しくないのですが、問題はそれが自然にできるように初学者がやり方を体得することの難しさにあります。

　そのような中で、今回赤石さんからベイズ統計の入門書を共同で執筆するという話をいただけたのは、まさに願ってもみないチャンスでした。赤石さんはこれまでに執筆された多くの書籍の中で、Python や機械学習といった最新のデータサイエンスを支えるさまざまな主要技術を、初学者にもとっつきやすく、実装ベースで身につけられるような具体性を持ったコンテンツで丁寧に解説しています。赤石さん自身がベイズ統計を活用していくうえで遭遇したハードルに関しても包み隠すことなく赤裸々に解説していくことによって、よりリアルに、より読者に寄り添った、まったく新しいベイズ統計の実践的入門書が完成したと思っています。特に実際にコーディングを行ってモデル構築やサンプリングの挙動を確認することと、ビジネス的な活用の仕方・意思決定の行い方がセットで書かれている点に関しては特筆すべき点で、これによってベイズ統計を活用するうえでのエッセンスをコンパクトな本の中に凝縮させています。ベイズ統計をビジネスですぐに活用したい方にとって強力な助っ人になってくれることでしょう。

　本書で確率分布の基本や PyMC などの確率的プログラミング言語の使い方を一通り学んだ方は、ぜひご自身の目の前にある実践課題に対して活用してみることを強くお勧めします。私がベイズ統計

を道具として使えるようになった経緯を振り返れば、ベイズ統計の「外」にある現実の課題に対して、何とか解決手法を作り出してやろうと悪戦苦闘したことが大きな経験になっています。観測データから科学的発見をするため、構造化データからビジネスインサイトを抽出するため、顧客向けのサービスを完全自動化するためなど、具体的な目的を定めたうえでベイズ統計を活用する方向性を模索していくのがよいでしょう。その中で、さまざまな現実的な要求や無理難題に対して、柔軟かつエレガントな解決策を提供するベイズ統計の懐の深さのような部分に気づくことになるでしょう。ベイズ統計はあくまで道具です。ベイズ統計自体のみを学んでいるのでは、ベイズ統計の本質はわかりません。まずは課題自体と正面から向き合うことから始めてみてはいかがでしょうか。

　最後に、この本の制作に携わったすべての人々に感謝の意を表します。本書がデータと向き合うすべての方々のスキル向上に貢献すること、そしてベイズ統計がさらなる活躍の場を広げていくことを切望しています。

アクセンチュア株式会社 ビジネス コンサルティング本部

AI グループ シニア・プリンシパル

須山敦志

# 索引

## 著者紹介

— **赤石雅典**（あかいしまさのり）

アクセンチュア株式会社 ビジネス コンサルティング本部 AI グループ シニア・プリンシパル

1985 年、東京大学工学部計数工学科卒業。1987 年、同大学院修士課程修了後、日本 IBM 株式会社に入社。Watson の技術セールスなどを経験後、アクセンチュア株式会社に入社。現在は AI・データサイエンス系のプロジェクトの技術リードやクライアントの AI 人材育成支援などを担当。京都情報大学院大学客員教授。
著書に、『最短コースでわかる ディープラーニングの数学』『Python で儲かる AI をつくる』『最短コースでわかる PyTorch & 深層学習プログラミング』『最短コースでわかる Python プログラミングとデータ分析』（いずれも日経 BP）などがある。

## 監修者紹介

— **須山敦志**（すやまあつし）

アクセンチュア株式会社 ビジネス コンサルティング本部 AI グループ シニア・プリンシパル

2009 年、東京工業大学工学部情報工学科卒業。2011 年、東京大学大学院情報工学研究科博士前期課程修了後に、ソニー株式会社に入社。その後、インフォメティス株式会社などを経て、2017 年、アクセンチュア株式会社に入社。現在は、最先端テクノロジーを活用したクライアント企業の業務改革などを担当。
著書に、『ベイズ推論による機械学習入門』『ベイズ深層学習』『Julia で作って学ぶベイズ統計学』『Python ではじめるベイズ機械学習入門』（いずれも講談社）などがある。

NDC007　　　　236p　　　　24cm

Python でスラスラわかる　ベイズ推論「超」入門

2023 年 11 月 21日　第 1 刷発行
2024 年 6 月 13日　第 5 刷発行

著　者　赤石雅典
監修者　須山敦志
発行者　森田浩章
発行所　株式会社　講談社

KODANSHA

〒112-8001　東京都文京区音羽 2-12-21
　　　　販　売　(03) 5395-4415
　　　　業　務　(03) 5395-3615
編　集　株式会社　講談社サイエンティフィク
代表　堀越俊一
〒162-0825　東京都新宿区神楽坂 2-14　ノービィビル
　　　　編　集　(03) 3235-3701
本文データ制作　株式会社トップスタジオ
印刷・製本　株式会社ＫＰＳプロダクツ

Printed in Japan

**ISBN 978-4-06-533763-9**